宇宙のしくみを活かして
人間力をグレードアップする!

健康・長寿・生きがい・幸福・自己実現・生き方

【目次】

宇宙のしくみを活かして
人間力をグレードアップする！

はじめに ……………………………………………… 4

第1章　健康の基本

［1－1］健康・寿命 ……………………………… 8
［1－2］健康の基礎 ……………………………… 12
［1－3］からだの防御システム ………………… 19

第2章　大宇宙のしくみ

［2－1］大宇宙のしくみ（あらまし）…………… 26
［2－2］大宇宙のしくみ（概説）………………… 30
［2－3］重要なポイント ………………………… 57

第3章　健康のグレードアップ

［3－1］生命体の根源は「気」である ………… 68
［3－2］気功の効果 ……………………………… 72
［3－3］気功とは何か？ ………………………… 76
［3－4］気功の分類 ……………………………… 81
［3－5］呼吸法 …………………………………… 84

第4章　宇宙のしくみを活かす健康法

［4－1］呼吸法の実例 …………………………… 90
　　　　［功法1］：順式腹式呼吸法 ………… 90
　　　　［功法2］：逆式腹式呼吸法 ………… 92

　　　　［功法3］：正心調息法 ……………………… 94
［4-2］簡単気功法 ……………………………………… 100
　　　　［功法4］：振動功 ……………………………… 100
　　　　［功法5］：両手前後振り+イメージトレーニング… 102
　　　　［功法6］：叩動功 ……………………………… 107
　　　　［功法7］：香功抜粋 …………………………… 113
［4-3］歩く気功法 ……………………………………… 123
　　　　［功法8］：ガンを予防する歩く気功 ………… 123
［4-4］その他の健康法 ………………………………… 134

第5章　新たな価値観の展開

［5-1］今何が問題か？ ………………………………… 144
［5-2］日本人の特性 …………………………………… 155
［5-3］新しい価値観の醸成 …………………………… 168
［5-4］新しい価値観の普及＜提案＞ ………………… 180
［5-5］基本システムの見直し ………………………… 185
［5-6］日本が模索すべきこと＜理想論＞ …………… 194
［5-7］世界に関して模索すべきこと＜超理想論＞ … 197
［5-8］資本主義経済から「調和主義経済」への転換 … 200
［5-9］新しい価値観と大宇宙のしくみ ……………… 202

第6章　宇宙のしくみを活かす生き方

［6-1］幸福とは？ ……………………………………… 206
［6-2］日本人の心の特徴 ……………………………… 214
［6-3］大宇宙のしくみと生命 ………………………… 218
［6-4］どのように生きるべきか？ …………………… 226
［6-5］生き方のポイント ……………………………… 231

あとがき ………………………………………………… 240
≪提言≫ ………………………………………………… 243

はじめに

科学技術が急速に進歩し、私たちの生活はとても快適で便利なものに変わってきました。そして科学が評価され、何でも科学で解明できると考えている方々が増えてきたように思います。科学で証明できないものは怪しいと考える方々までおられます。しかし、それは間違いです。

科学の結果は常に正しいとは限りません。科学は仮説の積み上げに過ぎません。新しい仮説が次々と登場して古い仮説を置き換えていきます。今現在の考えは正しくない場合が少なくないのです。

そして科学の守備範囲は限られています。実はとても狭いのです。科学の対象は、見えるものだけが対象です。いかなる高性能装置を使うのであれ、とにかく直接観測できる「物質」が科学の対象です。そして再現可能で客観性のある事象(条件さえ同じなら、誰がやっても、何時やっても同じ結果が得られる事象)だけを扱います。

一方、「心」は見えません。心とは何か?について明確に説明することはできません。自分自身の心でさえその深層がどのようなものか解らないのが普通です。生命体(肉体)を見ることはできても、その本質である「いのち」は見えません。日本で昔から「気」と呼ばれている気のエネルギーも見ることができません。しかしその働きは着実に活用されてきています。心もいのちも気も見えないし、客観性も再現性も不十分なため、科学では真正面から扱えません。

科学で説明できないことは「非科学」的であるとして片隅に追いやってしまうと、科学の対象範囲外の世界がすっかり抜け落ちてしまいます。例えて言えば、科学は見ることができる「物」の表面だけを扱い、見えない内側に関しては知らぬ振りをして

いるのに似ています。
宇宙は物質だけでできているわけではありません。心、いのち、気など極めて重要な非物質を除外してしまったら、最も大事な人間や生命体の真の姿に近づけないことになります。その結果、この宇宙には不思議や謎が満ち満ちています。

では、宇宙全体をどのように考えたら良いのか、物質の世界と非物質の世界をどのように結び付けたら良いのか、それが前著「大宇宙のしくみが解かってきた！」です。前著では、恒星、銀河、ブラックホールなどの「物質」と、いのち、心、意識、気、生命エネルギーなどの「非物質」を結びつける「２１の仮説群」によって、宇宙や生命などの様々な謎を読み解いています。
そして広大な宇宙、極微の素粒子の世界、生物の不思議と進化、いのちの不思議、見えない世界など、広範囲の不思議や謎を解消しています。前著は言わば、「統合宇宙論」であり、宇宙のしくみを説明する「理論編」であると言っても良いかと思います。

今回の『人間力をグレードアップする！』は、前著『大宇宙のしくみが解かってきた！』の「応用編」の位置づけになります。応用編においても、「物質」と「非物質」を結びつける「２１の仮説群」がその基本です。これが納得できるようになると次第に「人間観、世界観、宇宙観」が変化していきます。そして「人間力」がグレードアップしていきます。
応用の第１面は、健康のグレードアップです。一言で言えば「気」の働きを活用し、宇宙とつながり易くする簡単な健康法をご紹介していきます。継続的に実施することにより、身心の健康が一段と向上して病気や怪我が減少するだけでなく、奥深い心の働きと長寿を得やすくなります。
第２面は、生き方のグレードアップです。幸せとは何か？　人

生とは何か？ 生きがいとは何か？ 人生の目的は？ 人間の使命は？ などを考え、宇宙のしくみを活かす生き方とはどのような生き方なのかを探っていきます。

第3面は、価値観のグレードアップです。現代は物質文明が頂点に達したそのピークの時代かも知れません。それにもかかわらず現代人が幸福を感じ、人生を謳歌し、楽しく生き生きと暮らしているかと問えば、必ずしもそうとは言い切れません。物質の豊かさと心の豊かさとは比例しません。現代の物質偏重の価値観を転換することができれば、人間が幸福に近づくだけでなく、地球環境、紛争頻発、格差拡大など世界的規模の諸難問を解決の方向に向かわせることもできそうです。

本書は、「物質」と「非物質」を結びつける「21の仮説群」を大元として、それから導かれる様々な考えを広範囲に展開しています。ただし、応用を主体にしていますので、「21の仮説群」の説明は簡略化して「8の仮説群」に要約して概説しています。

人間は素晴らしいです！！！ この世に生まれ落ちたその瞬間、既に素晴らしい能力と可能性を秘めて生まれてきています。その能力をうまく引き出し磨いていくことができれば、想像もできないような素晴らしいこともできる筈です。地上に生まれた人類は、川で泳ぎ、海に潜り、空を飛び、宇宙にまで飛び出していきます。「21の仮説群」、「8の仮説群」を理解でき納得できるようになると、本来の「人間力」がさらに質的にグレードアップしていくと信じています。

なお本書は、2016年4月から2017年11月まで隔週発行されてきたメールマガジン：[大宇宙のしくみが解かってきた！「応用編」] のタイトルを変えて書籍として新規発行したものです。

第1章 健康の基本

［1－1］健康・寿命

1．健康とは？

健康が全ての基礎になります。健康であれば前向きに仕事ができます。健康であってこそ楽しく趣味に興じることもできます。誰でも健康を願っています。でも、しばしば病気にかかったり怪我をしたりします。思いがけず寝たきりになったり、短命で人生を終わる方もいらっしゃいます。

もちろんからだの健康だけでなく、心の健康がとても重要です。世界保健機関（WHO）は、健康の定義として「健康とは、身体的・精神的・霊的・社会的に完全に良好な動的状態であり、たんに病気あるいは虚弱でないことではない」と提案しています。本書では、主として「からだと心と社会の健康」について考えていきます。

2．平均寿命

厚生労働省によると、2014年度の日本人の平均寿命は、男性「80.50歳」、女性「86.83歳」で上昇を続け、ともに世界一です。ちなみに米国の平均寿命は、男性「76.40歳」、女性「81.20歳」です。

平均寿命とは、現在の死亡状況が今後変化しないと仮定したときに、今後出生する人が何年生きられるかという期待値です。厚労省は毎年1回、各年齢の人が平均してあと何年生きられるかを表す「平均余命」の見込みを計算していて、そのうち0歳児の平均余命が平均寿命となります。

なお、日本最初の平均寿命の統計は、明治24年～31年に調査されたものですが、当時は男性が42.8歳、女性が44.3歳でした。

当時は結核や天然痘などの伝染病が多く、乳幼児の死亡率が高かったためと考えられています。120年ほど前のことですが、隔世の感がありますね。

3．健康寿命

平均寿命がいくら伸びても、寝たきり状態が長いのでは長生きの意味が薄れてしまいます。そこで世界保健機関（WHO）は、2000年に健康寿命という概念を提唱しました。健康寿命とは、介護が必要だったり、日常生活に支障が出る病気にかかったりする期間を除き、自立して過ごせる期間を示します。
世界188カ国の2013年の「健康寿命」を調べたところ、日本が1位だったとする調査結果を米ワシントン大（西部ワシントン州）などの研究チームが発表しました。同チームによると、日本の健康寿命は男性が71.11歳、女性が75.56歳で、男女とも健康寿命は1位でした。健康寿命の男女平均で、2位以下は、シンガポール、アンドラ、アイスランド、キプロスが続きました。

4．平均寿命と健康寿命の差

日本人の平均寿命データは2014年度、健康寿命データは2013年、1年の差があるので本来同列で扱うべきではありませんが、簡単にして単純差を出してみます
男性は、80.50歳－71.11歳＝9.39歳、女性は、86.83歳－75.56歳＝11.27歳が、健康と言えない期間になります。この10年前後の不健康期間は、本人自身が辛いのはもちろんですが、家族や社会や国家の世話になるわけですから、人的にも経済的にもその他様々な点でマイナス影響を及ぼします。
この不健康期間を、全体として如何にして短縮するかが喫緊の

課題です。国民全員がさらに健康意識を高め、健康の質をグレードアップしていく必要があります。

5．日本人の死因とガン

厚生労働省の人口動態調査（2015年6月6日発表）によると、日本人の死亡順位は、第1位：ガン（全体に対する割合：30.1％）、第2位：心臓病（15.8％）、第3位：脳血管疾患（10.7％）、第4位：肺炎（9.8％）、第5位：老衰（3.4％）となっています。相変わらずガンが不動のトップの座を占めています。ガンを如何にして予防するかが重要ですね。

「国立がん研究センター」が科学的見地から提言している「日本人のためのがん予防法」（2015年12月更新）は下記のようなものです。
（1）喫煙：たばこを吸わない。他人のたばこの煙をできるだけ避ける。
（2）飲酒：飲むなら、節度のある飲酒をする。
（3）食事：食事は偏らずバランスよくとる。
　　　・塩蔵食品、食塩の摂取は最小限にする。
　　　・野菜や果物不足にしない。
　　　・飲食物を熱い状態でとらない。
（4）身体活動：日常生活を活動的に過ごす
（5）体形：適正な範囲に維持する
（6）感染：肝炎ウイルス感染の有無を知り、感染している場合は治療する。

どれも一度は聞いたことがあるような文言であり、多くの方々がそれなりに留意している内容と思います。ガンだけでなく、心臓病や脳血管疾患などにとっても必要な事柄です。

でも、ガンもその他の病気もなかなか減らないですね。これを守っていれば「ガン」を予防できるのでしょうか？　私はこれだけでは本質的に不十分であると考えています。勿論これらも大事ですが、もっともっと大事なことがあります。これからお伝えする内容は、それらに焦点を当てていこうと考えています。

＜補足１＞　死亡要因

死亡者のリスク要因別では、第１位は「喫煙」、第２位は「高血圧」、第３位「運動不足」、以下「高血糖」、「塩分過摂取」、「アルコール過摂取」などとなっています。「喫煙」、「高血圧」は誰でも想像できると思いますが、「運動不足」が第３位にランクされています！！
運動は極めて重要です。人間は「動物」ですから、動くことを前提にして設計されているのです。動かないと様々な問題が発生します！
オーストラリアの研究によると、座っている時間が長い人ほど死亡リスクが高まるようです。
座る時間が１日４時間未満の人に対して、11時間以上座る人の死亡率は1.4倍に上昇すると言われています。下半身特にふくらはぎや腿の筋肉を動かさないと、全身の血流が低下して様々な病気の原因になるようです。
同じ姿勢、同じ動作を長時間続けないようにしましょう。

＜補足２＞　社会保障費

財務省の統計情報によると、日本の社会保障費は高齢化とともに急速に増加しています。社会保障費の内訳は、医療費、介護福祉費、年金に大別されます。

2013年の医療費は、36.0兆円、介護福祉費は、21.1兆円、年金が53.5兆円で、合計110.6兆円です。これが毎年高率で増加して、2025年には145.8兆円に膨らむと予想されています。2016年度の日本の一般会計予算が96.7兆円ですから、如何に巨大な数値か解かりますね。
医療費と介護福祉費の伸びは極力抑えて、その分を年金に回したいものですね！　そのためには各個人が健康に留意して、健康寿命を引き延ばし、個別の医療費や介護費などを低く抑える必要があります。

[1−2] 健康の基礎

健康のために最低限必要なことは以下の通りです。
まず、「良質な食事」、「適切な運動」、「休養と睡眠」を心掛けます。そして「健康に良くない生活習慣」（タバコ、過度の飲酒、栄養過多、過度の疲労・ストレス蓄積、日焼けなど）を改めます。
これが健康の基礎です。これは今まで言われてきたこと、そのままです。これらに関しては毎日のようにテレビ、新聞、雑誌、その他のマスメディアを通して情報が溢れていますので、ここで説明する必要はないと思いますが、敢えて要点だけを記します。

1.「良質な食事」

「食事」は、からだに必要な原材料を供給する行為であり言うまでもなく極めて重要です。必要な原材料が不足したら「から

だ」はお手上げになってしまいます。もっともっと食事内容に留意しましょう。

世の中には数え切れないほどの「食事法」が提唱されています。提唱者の価値観、目的、着眼点、こだわり、経験によって提唱内容も様々です。中には真反対な食事法もあります。

本来は、「からだの声」を聴いて、「食べたいときに、食べたいものを、食べたいだけ食べる」のが理想ですが、誰でも可能ではありません。「からだの声」が聴こえない方には無理ですね。ここでの「良質な食事」とは「バランスのよい食事」と考えても結構です。具体的には下記に留意しましょう。

（1）多品目の食事

極力多品目の食品を積極的に摂取しましょう。

人間のからだは驚くほど多種類の元素を取り込んでいます。多種類の元素を取り込まないと健全な生命活動が維持されないようです。おにぎり、パン、麺類だけなど、単品に近い食事は避けましょう。後述の「補足」をご参照ください。

（2）「抗酸化物質」をしっかり摂りましょう。

病気や老化を防止するためには「抗酸化物質」の摂取が不可欠です。食物中の「抗酸化物質」としては、次のようなものがあります。

◎ビタミン類：ビタミンC・ビタミンE・カロテンなど。
◎ポリフェノール類：植物の色素や苦味成分。カテキン・アントシアニン・リコピン・ゴマリグナン・イソフラボン・ペクチンなど。

上記を一言で言えば、「野菜・海藻・きのこ・果実類を多く摂りましょう」ということになります。なお、ビタミンEは、植

物油の中に多く含まれています。
また下記のミネラル類の摂取も大事です。
◎ミネラル類：鉄・銅・亜鉛・カルシウム・カリウム・マンガン・セレンなど。

（3）主食を少なめに、副菜を多めに摂りましょう。

◎若い方やエネルギーを多消費する方は別ですが、中高年以降で活動量が低下気味の方は、ご飯やパン、麺類などの炭水化物（主食）は控え目にしていきましょう。逆に野菜類を中心に副菜を多めに摂りましょう。タンパク質が欠乏しないように留意しましょう。

◎野菜類は、種類も量も多めに摂りましょう。
毎日350gの野菜摂取が必要とされています。これは相当な量になります。市販のお弁当などに添えられている野菜では大幅に不足している場合が多いと思います。
日本人の野菜消費量が年々減少しており、慢性的に野菜不足の方が増えていると言われています。

＜補足1＞　抗酸化物質

（1）病気やガンの発生原因のひとつに「活性酸素」があります。「活性酸素」は全身の細胞の中でエネルギー代謝を行う過程などで自動的に発生してしまいます。「活性酸素」は細胞自身や臓器を酸化させ、変質させます。その際に遺伝子が影響を受けるとガン化する可能性があります。

（2）この有害な「活性酸素」を消去するのが、「抗酸化物

質」です。神様はさすが！！です。人体の中で自動的に「抗酸化物質」（SODなど）を合成して、「活性酸素」の害を消去しています。残念なことに、加齢とともにこの「抗酸化物質」の合成機能が低下していきます。その結果、一言でいえば、酸化・老化が進み、自然治癒力も低下していきます。

（３）したがって食事の中で「抗酸化物質」をしっかり摂り入れる必要があります。
前述のビタミン類、ポリフェノール類、ミネラル類などは、抗酸化物質として極めて重要ですが、生命活動を潤滑に行う上でもとても重要です。

（４）私は普段の食事で野菜類を十分に摂取していますが、万が一にも不足しないように、ビタミン類、ミネラル類をサプリメントとしても摂取しています。必要なものは微量栄養素であっても１日たりとも絶対に不足させないようにするためです。

（５）抗酸化作用のある野菜や果物などは下記の通りです。
＊アントシアニン（ブルーベリー・カシス）
＊スルフォラファン（ブロッコリー）
＊βカロチン（緑黄色野菜）
＊リコピン（トマト）
＊カプサイシン（唐辛子）
＊アスタキサンチン（鮭・イクラ）
＊ルテイン（ケール・ほうれん草）
＊フコイダン（海藻）
＊βグルカン（キノコ）
＊ペクチン（リンゴ）

*ケルセチン（そば）
*ルチン（そば）
*カテキン（お茶）
*イソフラボン（大豆）
*カルコン（明日葉）
*クロロゲン酸（コーヒー豆）
*ロズマリン酸（シソ）
*ゴマリグナン（ゴマ）
*クルクミン（ウコン）
*タンニン（お茶）
*テアフラビン（紅茶）

＜補足2＞　1滴の血液成分

人間の血液を精密に分析できるようになってきました。超微量な元素も含めると、血液1滴に実に78種類の元素が含まれていることが最近解ってきました。自然界に存在する元素は、一番軽い水素から一番重いウランまで92種類しかありません。すなわち92種類の内、実に85％にあたる78種類の元素が血液1滴に含まれているのです。これは驚くべきことです。必要があるからこそ78種類もの元素が取り込まれていると考えられます。私たちは様々な食品を摂取して、必要な元素が欠乏しないように留意する必要があります。できる限り多品目の食材を摂取しましょう。

2．「適切な運動」

人間は動物の仲間ですから、動くことを前提に設計されていま

す。動かないと、次第に筋肉・骨格・循環器系が退化し、身体機能も全般的に低下して老化が促進される可能性があります。宇宙飛行士が長期間の宇宙滞在を終えて地球に帰還した際、しばらくは自分ひとりで立ち上がることさえできません。使用しないからだは、どんどん退化し老化が促進されていきます。
最近の病院では、開腹手術した患者でさえ翌日からリハビリを開始して、とにかく動くことを促しています。
若いときは、お好きな運動・スポーツをするのが良いと思います。しかし今まで特に運動をしていない中高年の方が新しく始める場合は下記に留意しましょう。

○できれば激しい運動は避けましょう。
　激しい運動、強い運動によって故障や怪我の可能性が高まります。また加齢が進むとその運動を止めた時に、リバウンドが起きる可能性も高まります。

○できれば動きが穏やかで、楽しく継続できるものを選びましょう。
　80歳、90歳、100歳になっても続けてできることが大事です。運動量は少なくても、楽しく継続できることが何よりも大事です。

○歩行が困難な状況の場合は、ふくらはぎや腿の筋肉を動かしましょう。椅子に座って両足のかかとを交互に上げたり下げたりするだけでも、ふくらはぎの筋肉の血流ポンプが働きます。
　交互に片脚を上げて膝を伸ばすと、さらに全身の血流が上昇します。ゆっくり動かすのがコツです。

○できれば、「気功」や呼吸法など「気」を高めるエクササイ

ズを試しましょう。
　気功は、「気のからだ」を整え、「生命力」を高めるので、病気予防、ガン予防にも効果があります。加齢にともなって体力が落ちてきた時に、気功の効果をハッキリと実感できるようになってきます。

今までスポーツをやってきた方も、熟年以降は穏やかなものに軌道修正される方が良いかも知れません。

3．「休養と睡眠」

休養と睡眠が大事であることは誰でも認識できます。解かってはいてもしばしば働き過ぎたり、過労を溜め込んだり、睡眠不足になったりします。軽度であれば自然に回復しますが、限界を超えると病気、怪我の元になりかねません。意識して「休養と睡眠」を心掛けましょう。

（1）昼間は活動時間帯
○同じ姿勢や同じ動作を長時間続けないようにしましょう。同じ姿勢や同じ動作は、特定の筋肉や機能を酷使することになります。使われっぱなしの筋肉は、疲労し、疲労物質が蓄積し、硬化してしまいます。立ちっ放しや座りっぱなしはよくありません。適宜休憩をとったり、姿勢・動作を変化させましょう。
○できれば昼休みなどに10分～15分の仮眠をとりましょう。とてもスッキリします。ただし20分以上の仮眠はかえって逆効果になることがあります。
○日が落ちたら仮眠をとらないようにしましょう。夜間に眠れなくなります。

（2）夜間は修復時間帯
○夜間の就寝中に、からだの各器官や内臓の修復が細胞レベルで行われます。したがって睡眠時間が短いと修復作業を妨げます。修復作業が完了しない間に活動時間帯に入ってしまい、疲労を一層溜め込むことになります。
○就寝時は空腹状態になるように、夕食と就寝との時間間隔をとりましょう。できれば就寝前4時間は食事をとらないように留意しましょう。就寝時に空腹状態でないということは、消化器官に食物が残っている状態です。消化器官は寝ている間もフル稼働中で修復作業どころではなくなってしまいます。
○就寝前にごく軽い運動をしましょう。数分で結構です。軽い疲労で寝つき易くなります。

[1-3] からだの防御システム

1．防御システム

生命体には様々な病気に対する「防御システム」が何重にも張り巡らされています。病原菌に対する防御、ウイルスに対する防御、ガンに対する防御、化学物質に対する防御などなどです。全ての細胞が元気はつらつと活動して、個々の細胞本来の機能を維持できれば、防御システムも有効に機能します。そして病気やガンにかかる可能性が大幅に減少します。
様々な病気がありますが、もっとも手強い「ガン」を念頭にして防御システムをご説明していきます。

2．ガンに対する防御システム

同じ地域で似通った環境で生活していても、ガンにかかる人もいれば、かからない人もいます。また、誰でも毎日数千個のガンの卵が体内に発生しているとも言われています。一説では、細胞内における正常な代謝の過程でも、1細胞につき1日あたり50,000～500,000回の頻度で細胞内の遺伝子が損傷されているそうです。それでもガンにかかる人もいれば、かからない人もいます。何がこの差を生むのでしょうか？
そもそも人は何故「ガン」にかかるのでしょうか？

（1）ガンは、様々な要因によって細胞の遺伝子が損傷を受けることに起因して発生します。要因としては、活性酸素説、遺伝子複製ミス説、発ガン性物質説、放射線説、電磁波説、加齢説、ウイルス説、ストレス説など様々あります。

（2）仮に遺伝子が損傷しても、細胞自身が持つ様々な「遺伝子修復機能」が働くことによって、多くの細胞の遺伝子は自動的に修復され正常化されていきます。「遺伝子修復機能」は、遺伝子の損傷の状況に応じて様々な修復方法を用意しています。調べれば調べるほど、その仕組みは高度で精密で驚異的です。凄いですね！

（3）遺伝子修復機能によっても正常化できなかった細胞、あるいは不要になった細胞は、組織全体に悪影響を及ぼさないように、その細胞自らが自殺スイッチをONにして「自殺死」していきます。（細胞の自殺死＝アポトーシスと呼びます）
アポトーシスは、損傷した細胞がガン化して、からだ全体が生命の危険にさらされるのを防ぐための「切り札」として機能します。

（4）それでも僅かに自殺死に失敗して自己増殖を続けるガン

細胞が残ります。それらに対しては、白血球を中心とする「免疫システム」が働き、ガン細胞を個別に破壊していきます。白血球にもいろいろ種類がありますが、「T細胞」、「B細胞」、「ナチュラルキラー細胞（ＮＫ細胞）」などが主役を務めます。
したがって、通常ならガン細胞が成長してガンが発症する可能性はとても小さい筈です。

（5）ここでは省略しますが、防御機能は他にもいろいろあります。生命体には、このように何重にも防御システムが張り巡らされており、簡単に病気やガンにかかることがないように基本設計がなされています。
したがって個々の細胞自身が「元気はつらつ」としていれば、全ての細胞が互いに協調し、生き生きと活動して、神様が設計したとおりに本来の防衛機能を発揮します。そして、ガン細胞が大きく成長してガンを発症する可能性は小さくなります。すなわち、からだ全体の「生命力」、「免疫力」が旺盛であることが極めて重要です。

（6）逆に、生命力、免疫力が低下すると、からだの防衛力が低下してしまいます。そしてガン化を抑えられなくなってガンが発症してしまうことになります。「カギ」は、生命力、免疫力を落とさないことです。

> ＜補足＞　生命力とは？
>
> （1）加齢とともに、鉄壁の防御システムも少しずつ機能低下してくると言われています。したがって、年齢を重ねれば重ねるほど、「生命力」を高く維持することがとても重要になってきます。

（2）「生命力」という言葉は、「生命を維持していこうとする力、あるいはその働き」を指しています。「生命力の高い状態」は、簡単に言えば、「元気はつらつとしている状態」と言ってよいと思います。別の言い方をすると、「生命エネルギー」が満ち溢れ、「エネルギー体」が正常に整っている状態と言うこともできます。

（3）「自然治癒力」や「免疫力」も、「生命力」の一環として考えます。その意味では「生命力」ひとことで事足りるのですが、敢えて、生命力、免疫力と言葉を並べて使っています。ガンなどに対しては、「T細胞」、「B細胞」、「ナチュラルキラー細胞（NK細胞）」などを主役とする「免疫システム」が重要な役割を担っているからです。

したがって、全ての細胞、そしてからだ全体の「生命力」、「免疫力」を高めておくことが極めて重要です。

3．生命力、免疫力を高めるには？

では、どうやって、生命力、免疫力を高めたら良いのでしょうか？

（1）先ず既にご説明した「健康の基礎」が重要です。
すなわち、「良質な食事」、「適切な運動」、「休養と睡眠」に心掛けます。
そして「健康に良くない生活習慣」（タバコ、過度の飲酒、栄養過多、過度の疲労・ストレス蓄積、日焼けなど）を改めます。

（2）全ての細胞が元気はつらつと活動して、個々の細胞本来

の機能が維持されれば、防御システムも有効に機能します。しかし現実の日常生活においては、様々な阻害要因によって全ての細胞がいつも元気一杯という訳にはなかなかいかないことが多いのです。
それら「生命力」を阻害する要因を減らしていくことが決定的に重要です。

（３）「生命力」を阻害する要因は沢山あります。
例えば、「良質な食事」、「適切な運動」、「休養と睡眠」のどれかが欠けても阻害要因になり得ます。他にも色々あります。
一番分かり易い例は、酸素不足です。
全ての細胞にとって、酸素と養分の供給が不可欠です。これは、呼吸機能と循環機能によって行われます。誰でも心が落ち込んでいる時や、深く悩んだりしている時は、自然に呼吸が浅くなります。呼吸が浅くなると、酸素の取り込みが大幅に低下し、部分的には通常時の何分の一かの酸素しか供給されない組織が増えてきます。
酸素と養分が不足すれば、細胞は機能を果たせなくなり、生命力は落ち、最終的にはその細胞は死に至ります。実は部分的にはそんなことが意外と簡単に起こってしまうようです。それらが病気の元になると言ってよいと思います
しっかりした呼吸が重要であることがお分かり頂けることと思います。

（４）生命力、免疫力を高めるには、「生命力」を阻害する要因をなくすことが大事ですが、さらに生命力を高めるための重要な方法論があります。
具体的には第３章でご説明いたします。

第2章　大宇宙のしくみ

[2-1] 大宇宙のしくみ（あらまし）

1. 前著のあらまし

本書は、前著『大宇宙のしくみが解かってきた！』の応用編、実用編の位置づけです。
そこで先ず、前著『大宇宙のしくみが解かってきた！』の重要なポイントを超要約してみます。

先ず現代科学によって何が解明され、何が未解明なのかを分野ごとに概観しています。
広大な宇宙に関しては、観測技術の進歩や「相対性理論」の成果によって、恒星や銀河など天体の構造や経過が次第に解かってきています。一方、それらを構成する「物質」は、宇宙全体の5％足らずであり、残りの95％以上は、正体不明のダークエネルギーやダークマターが占めていることも解かってきました。宇宙の大半は未知であることが解かってきたのです。

また、ミクロの世界に関しては、物質の根源を追及する「量子論」が進展しました。特に最新のエレクトロニクスや化学などの実用面で大変役立ってきています。一方、これ以上分解することができない「素粒子」が驚くほど多数発見されており、とても物質の根源が解明できたとは言えない状況にあります。また素粒子の様々な摩訶不思議な振舞いが明らかになってきましたが、それらを説明することも困難な状況にあります。

そして、生物に関しては、様々な生物がそれぞれの環境に応じて複雑な進化を遂げ、驚異の多様性を展開しています。そしてその多くが極めて高度な機能を獲得しており、その巧みさは

21世紀の人間でさえ驚愕するばかりです。生物のしくみの高度さや素晴らしさは、ダーウィンの「突然変異と適者生存」だけではとても説明できません。そして生物の本質である「いのち」に関しては何も解かっていません。

また、人間に関しては、「心や意識」が極めて重要な位置づけを占めますが、残念ながら探求が進んでいません。それだけでなく、テレパシー、透視、読心、予知、念力、生まれ変りなど不思議な現象がたくさん報告されていますが、現代科学はこれらに関してほとんど踏み込めていません。「いのち、心、意識、気」などの非物質は、現代科学の対象から外れているのです。物質に偏った現代科学だけでは、宇宙に関する様々な不思議や、生命体に関する様々な謎を解明することができないのです。

では、宇宙全体をどのように考えたら良いのでしょうか？　物質の世界と非物質の世界をどのように結び付けて考えたら良いのでしょうか？
前著『大宇宙のしくみが解かってきた！』においては、物質と非物質を結びつける「２１の仮説群」をご紹介し、大宇宙のしくみを読み解いています。
恒星、銀河、ブラックホールなどの「物質」と、生命体の本質、いのち、心、意識、気、生命エネルギーなどの「非物質」を結びつける仮説群によって、様々な不思議が解消していきます。
なお、「宇宙」という言葉は私たちが普通に考えている宇宙です。「大宇宙」という言葉は、私たちの宇宙の他に、未知の宇宙が沢山あり得ると考えて、その全体の宇宙、そして、いのち、心、意識、気、生命エネルギーなどの非物質を全て含めて「大宇宙」と呼んでいます。そして大宇宙の本質は、「根源のエネルギー」の拡がり、すなわち「気の海」であると考えています。

2．大宇宙のしくみ＜仮説＞

前著の中心テーマである「大宇宙のしくみ」を細部にわたってご説明しようとすると、それだけで200ページを超えてしまいます。そこで先ず、僅か10数行の超要約版をご覧ください。これらは従来の常識を大幅に突き抜けた新しい考えですから、誰でもが直ぐに納得できる内容ではありません。サラっと読み流して頂ければ結構です。次節であらためてご説明していきます。

大宇宙のしくみ＜仮説＞（超要約）

宇宙空間には「根源のエネルギー」すなわち「気」が拡がっている。「気」は万物の根源であり、空間と時間を超越した高次元空間にあまねく拡がっている。

「気」が凝集すると「物質」になり、「気」が振動すると「心」、「意識」、「情報」が生ずる。

全ての物質の背後に「気」が集約し、その物質固有の「情報」を保持している。

「いのち」の本質は、「気」の集合体である「生命エネルギー」である。「生命エネルギー」は、生命体を生かし、生命体に「意識」を生じさせる。人類や生物などの様々な「意識」は「気の海」に消えずに残り、また互いにつながり得る。生命体の「意識」の変化の集積が、生命体を変化させ進化させる原動力になる。

生命体の死後も「意識」は消えずに「気の海」に残存し、似た性質の意識は次第に集合し統合され昇華されて「意識の高み」や「叡智」が生じ得る。

「気の海」は、物質だけでなく、無数の「生命エネルギー」

> や「意識」、「意識の高み」、「叡智」などで賑わっている。
> 「気の海」の中に境界はないので、全てが互いに影響を及ぼし得る。
> 「気の海」には私たちの３次元の「宇宙」の他にも、多数の他の「宇宙」が浮かんでいる。
> 「気の海」は、天体、物質、非物質、多宇宙など、全てを包含する「大宇宙」そのものである。

◎上記の超要約では、特別に難しい言葉は使用していません。広大無辺な宇宙を説明する言葉としては、とても簡単で平易な言葉を使用しています。その意味で、きわめて「シンプル」な仮説であると言えるかも知れません。しかし、抽象的な記述のため、一度読んだだけでは恐らく理解不能ではないかと思います。むしろ、直ぐにピンと来なくて当然と思います。そのために次の節でもう少し具体的な概説を試みます。なお言葉の意味する範囲を通常の意味より大幅に拡大している言葉があります。
「心」や「意識」や「気」などです。

◎上記の超要約の最重要ポイントとして、３点だけを取り上げるとすると下記になります。
（１）万物の根源は、「根源のエネルギー」すなわち「気」である。
（２）「気」は、３次元空間と時間を超越した高次元空間にあまねく拡がっている。
（３）「気」が凝集すると「物質」になり、「気」が振動すると「心」、「意識」、「情報」が生ずる。

上記の３点を柱として他の多くの仮説が誘導されます。

(1)項は、数千年前の古代文明で既に考えられてきたことです。しかし「気」は観測できませんから現代科学によって実証することはできないでしょう。ただし、誰でも少しの訓練で「気」を感受し、「気の働き」を体感することができます。
(2)項と(3)項は、私のオリジナルであり、この概念無くして「大宇宙のしくみ」を総合的に解き明かすことはできないと考えています。
なお、現在研究が進められている「超ひも理論」と呼ばれる最新物理学の理論が完成すれば、科学の観点からも10次元以上の高次元空間の存在が明らかになると考えています。

◎宇宙、天体、物質、素粒子、生物、いのち、進化など神羅万象の不思議が、この3点を骨格にした「仮説群」から読み解かれていきます。3次元空間の制約を受ける人間は、高次元空間に由来する全てを理解することは本質的にできませんが、大筋を把握することはできると考えています。

[2-2] 大宇宙のしくみ(概説)

本書は「大宇宙のしくみ」を活かすための「応用編」ですから、「仮説」の部分はできる限り簡単にして、概説に留めたいと思います。
そのために、「21の仮説群」の中で関連する仮説をいくつかまとめて簡略化し、「8つの仮説」(仮説A~仮説H)としてご説明していきます。
抽象的で雲をつかむようなお話しが多いのですが、もしご納得いただければ、宇宙や生命体の様々な不思議が次第に解消していきます。

[仮説A]

宇宙空間に「根源のエネルギー」が拡がっている。
「根源のエネルギー」は宇宙の根源である。
「根源のエネルギー」を「気」と呼び、宇宙空間を「気の海」と呼ぶ。
「気」は3次元よりも次元の高い「高次元の空間」に拡がっている。

(1)私たちの知るエネルギーは、熱エネルギー、運動エネルギー、電気エネルギー、原子力エネルギーなど、物質の変化に伴うエネルギーですが、「根源のエネルギー」は物質の存在を前提にしません。物質が無い空間にも拡がっています。宇宙空間は「根源のエネルギー」で満たされていると考えます。

(2)「根源のエネルギー」は全ての根源であり、大宇宙のあらゆる物や現象は「根源のエネルギー」から生じます。しかし「根源のエネルギー」は、見ることも観測することもできません。ただし、条件によっては、その一部またはその影を感じることができます。

(3)「根源のエネルギー」を「気」と呼び、宇宙空間を「気の海」と考えます。
「気」は3次元よりも次元の高い「高次元の空間」に拡がっています。しかし、具体的な次元数は不明です。10次元以上と思われますが具体的な次元数は現段階では解かりません。「気」は高次の空間に所属しているので、3次元に住む私たちには認識することができないのです。

(4)私たちの宇宙を構成する星や銀河や銀河団など全ての物質を集めても、物質の総合計は宇宙全体の4.9%しかないことが解かっています。残りは未知のダークマターと、未知のダークエネルギーで95.1%を占めています。宇宙は未知だらけ、謎だらけなのです。

未知のダークマターは「気」が凝集した未知の素粒子であり、未知のダークエネルギーは「気」そのもの、または「気」が若干変化したものと考えます。

すなわち、物質もダークマターもダークエネルギーもその大元は全て「根源のエネルギー」すなわち「気」なのです。

[宇宙の構成比率]
○物質合計 4.9%
○ダークマター（未知） 26.8%
○ダークエネルギー（未知） 68.3%

(5)多くの科学者は、アインシュタインの相対性理論が前提としている「3次元空間と時間」から成る宇宙を想定しています。しかし、それだけでは宇宙や生命体の様々な現象を説明できないと私は考えています。私は、物質は「3次元空間と時間」の制約を受けますが、「気」や心、意識、いのちなどの非物質は、3次元よりも次元の高い「高次元の空間」に拡がっており、「3次元空間と時間」の制約を受けないと考えています。

＜補足＞ 高次元

(1)一般に低次元の生命体は高次元の現象を認識するこ

とができません。例えば、仮に私たちが3次元ではなく1次元低い、2次元の世界に住んでいると仮定しましょう。2次元だから、面の上の物質や現象は認識できますが、たとえ1cmでも面から離れた物質や現象は全く認識できません。面から離れたら、もはや2次元の範囲ではないからです。

（2）もし、その高次元の存在の影が2次元の面の上に投影されれば、その影は認識できます。でも、あくまで影に過ぎないので、形や色などの情報は大幅に減少します。また、高次元の存在が、たまたま2次元空間に接触すると、その接触部分だけは認識することができます。
私たちが見えない筈の「気」を感じることができるのは、3次元空間に投影された高次元の影や接触部分を感じていると考えることができます。

［仮説B］

「気」が凝集すると物質が生ずる。
全ての物質の背後に「気」が集約している。
この「気」は物質に関する情報を保持している。

（1）「根源のエネルギー」すなわち「気」が凝集すると物質が生じます。そして、その物質を覆うように「気」が集まっています。この「気」は、その物質固有の情報を保持しています。すなわち、物質は「もの」だけでなく固有のエネルギーと情報

を合わせ持っています。

（2）例え話ですが、雲や霧の実態は小さな水滴の集合体です。水滴が生じるためには、その周囲に膨大な水蒸気が存在する必要があります。見える水滴の背後に、見えない水蒸気の存在が不可欠です。
次元が違いますが、同様に全ての素粒子の背後に、その素粒子を成り立たせるための「気」（根源のエネルギー）が集約しています。素粒子が集まってできる全ての原子の背後にも、それぞれに対応した原子の「気」が集約しています。原子が集まってできる全ての分子の背後にも、それぞれに対応した分子の「気」が集約しています。

（3）同様に、私たちのからだを構成する全ての細胞の背後に、それぞれに対応した細胞の「気」が集約しています。細胞が集まった沢山の「器官」にも「気」が集約しています。「臓器」にも臓器を成り立たせるための「気」が集約しています。
「人体」にも人体を成り立たせるための「気」（エネルギー）が集約しています。それぞれの「気」は多層を成し、それぞれの情報を持ち、それぞれ役割が異なります。

＜補足＞「気」の多層構造

これらの「気」は、それぞれのレベルの「エネルギーと情報」を持っています。そして多層構造を有しています。すなわち、素粒子の「気」、原子の「気」、分子の「気」、細胞の「気」、器官の「気」、臓器の「気」、人体の「気」などが重なり合い、多層をなしてそれぞれの物質や生命体を成り立たせていると考えます。一言で「気」と言っても、

実際には様々なレベルの多層構造をベースにして、この複雑な宇宙と生命体を成り立たせていると考えます。

物質は3次元の存在ですが、「気」は高次元の存在なので、3次元空間のどの場所に「気」があるのかを特定することはできません。3次元空間に住む私たちは、高次元の存在がどこにあるのかを認識することは原理的にできないのです。直感的に解かり易いように、物質を覆うように「気」が存在すると表現していますが、実際には位置や時間を特定することができません。「気」は3次元空間と時間を「超越」しているのです。
「多層構造」という言葉は3次元空間を前提にした言葉ですから、高次元空間には馴染みませんが、イメージ的に解かり易くするために敢えて使用しています。

[仮説C]

「いのち」の本質は「生命エネルギー」であり、「生命情報」を内包する。
全ての生命体は「気のからだ」を持っている。
「いのち」は「肉体のからだ」と「気のからだ」を統合して、「生」を生じさせ、「意識」を生じさせる。
「いのち」を失うと死となり生命体は消滅する。
死後、消滅するものと残存するものとがある。

(1) [仮説B] でご説明した「細胞」、「器官」、「臓器」、「人体」

には、それぞれのレベルの「気」が集約して、それぞれの「情報」を保持していますが、それらを各層の「気のからだ」と呼びます。各層の「気のからだ」は、相互に連携して、多層的に、有機的に作用し合います。そして、それは生命体が「生命活動」を行う上での「必須要素」になります。各層の「気のからだ」がなければ、「生命活動」は成り立たないことになります。

（2）通常は、「細胞」、「器官」、「臓器」、「人体」のそれぞれ各層の「気のからだ」を全て総称して「気のからだ」と呼んでいます。
「気のからだ」は、もともとは、素粒子や原子や分子などの「気」が集合したものであり、その本質はもちろん「気」すなわち「根源のエネルギー」です。

（3）「いのち」の本質は、強力な「生命エネルギー」であり、同時に「生命情報」を内包します。「生命エネルギー」は、「気」すなわち「根源のエネルギー」の集合体です。したがって絶えず振動しており、その振動に対応する情報を持ちます。それが「生命情報」です。
「いのち」は、「肉体のからだ」と「気のからだ」を統合して生命体を生かし、結果として「意識」を生じさせます。全ての生命体は「いのち」すなわち「生命エネルギー」によって「生」を得ます。

（4）「いのち」を失うと生命体は死に、消滅します。
細部は省略しますが、死後、消滅するものと残存するものとがあります。「肉体のからだ」や「気のからだ」は消滅します。「意識」の多くは「気の海」に残存して、一般的には「霊」と呼ばれる存在になります。
細部は前著『大宇宙のしくみが解かってきた！』（書籍、電子

書籍）を参照してください。

> **＜補足＞**
>
> 「気のからだ」も高次元の存在ですから、3次元空間の何処にあるのかは特定できません。宇宙全体に拡がっていると考えざるを得ません。しかし便宜上「気のからだ」は「肉体のからだ」を覆うように、重なるように存在している、そして身体の外側まで拡がっている、と表現しています。3次元の世界に住む私たちにはその方が考え易いし、自然だからです。
> 「気のからだ」は、明確な意図のもとに集まった、「エネルギーと情報の集合体」であり、肉体のからだと密接に関連します。なお、簡単なトレーニングによって「気のからだ」を「感じる」ことができます。

抽象的なお話が続きますので気分転換です。私の友人である神奈川県の深瀬氏の友人またはそのまた友人の作または収集の一部です。

> **＜詠み人知らず川柳＞**
>
> 　　　足腰を 鍛えりゃ徘徊 おそれられ
> 　　　金ためて 使う頃には 寝たっきり
> 　　　お若いと 言われて帽子を 脱ぎそびれ

第2章　大宇宙のしくみ

> [仮説D]
>
> 「心」は「気の海」の振動である。
> 「気」と「心」は同体である。

(1)「心」とは何かについて説明しようと試みても実際にはなかなか説明できません。説明できてもほんの一部分だけです。「心」という言葉の定義もありません。
「心」というと、普通は脳に浮かんだ「表面意識」を指すことが多いと思いますが、自分自身の「心」の深い部分（潜在意識）は自分自身でさえほとんど分からないのが現実です。本書でいう「心」は、それらも含めて、もっともっと広い、見えない働きの総体を指しています。

(2)「気」と「心」の関係は、「海」と「波」の関係に相似していると考えます。
海は地球全体を覆っています。海の表面には、様々な波がたちます。海の中には、様々な海流も流れています。海は決して静止していません。絶えず動いています。
同様に、「気の海」にも波や流れや振動などに相当する動きがあり、それによって表わされるものが「心」であると考えます。

(3)「気の海」のあちこちで起きる「動き」（波や流れや振動など）が「心」の本質です。「気」と「心」は、「本体」とその「動き」の関係ですから実は同体であり、本質的に分離することができません。

(4)津波のエネルギーの凄まじさは日本人全員が身に沁みて

いますね。津波は海の水が一定方向へ継続して動くことで発生します。津波と同様に、「気の海」の一部が一定方向へ継続して動くと、エネルギーが発生します。「心」の集中によって莫大なエネルギーを働かせることができます。このことは様々な不思議現象を読み解く上で極めて重要です。

（5）既に述べたように、素粒子から始まって、人体まで様々なレベルの「気」が多層構造をなしているので、それぞれの「気」の振動が、それぞれの「心」になります。
「心」といっても、素粒子、原子、分子のレベルでは「情報」と言った方が近いのですが。一方、細胞、器官、臓器、人体のレベルの「気」の振動が沢山集合すると、「心」も複合化され、明確化され、大きな意図をもって生命活動を主導すると考えます。
人間の「心」や「意識」には、感覚、感情、想い、思考など様々なものが含まれますが、これらも全て「気の海」の「動き」（波や流れや振動など）であり、これらは生命の重要な特徴でもあります。

＜補足＞　本能

（a）生命体には「本能」と呼ばれるものがあります。海亀の赤ちゃんは、砂浜の卵から孵化する際、一心不乱に卵の殻を破り、地上に這い上がり、海水の方向に向かってヨチヨチと歩き出します。哺乳類の赤ちゃんは、目も見えない段階から、母親の乳首を探し出しおっぱいを強く吸引します。誰に教わったわけでもないのにしっかり出来ます。生殖行動も立派にできます。どんなしくみによってそんなことができるのか、考えてみると不思議に思いませんで

しょうか？

（b）上記は遺伝子に刻み込まれているからと考えている方もおられると思います。でも遺伝子自体は、からだを作るタンパク質の設計図に過ぎないと言っても過言ではありません。60兆個の細胞を持つ人間でも、ＤＮＡは30億対、その中でも有効な遺伝子の数はわずか３万個程度と言われています。情報量としては信じられない程非常に少ないのです。膨大な本能を格納できる容量はないと思われます。

（c）「本能」は、ハードウェアではなく、ソフトウェアです。すなわち「物」ではなく「心」の範疇と考えるべきです。「本能」は、「気のからだ」に写し込まれた「情報」であると考えると、様々な「いのちの不思議」が納得し易くなりませんでしょうか。

（d）遺伝子を構成するＤＮＡ自体は、単なる物質であり、心を包含することは出来ません。しかし、ＤＮＡや遺伝子、染色体、細胞には、それぞれに「気」や「気のからだ」が対応しています。この「気」や「気のからだ」に、生命体固有の様々な「情報」が包含されていると考えると納得できるのではないでしょうか。

［仮説Ｅ］

生命体に生ずる「心」を「意識」と呼ぶ。
意識の主体を「自我」と呼ぶ。

> 生命体は自我を中心にして生命活動を営む。
> 「意識」の変化の集積が生命体を進化させる原動力になる。

（１）「心」は「気の海」の振動ですから、宇宙全体に拡がっています。宇宙いたるところに心が拡がっており、絶えず振動しています。
特に、生命体に生ずる「心」のまとまりを「意識」と呼びます。意識は心の一部です。広い「心」の中に、生命体ごとの無数の「意識」があると考えます。

（２）意識の主体を「自我」（私）と呼びます。
生命体は自我を中心にして生命活動を営みます。

（３）全ての生命体は「意識」を持っていると考えます。もちろん生物の種によって意識の濃い、薄いの差はあると思います。動物はもちろん、植物や単細胞の細菌でさえ、それぞれの「意識」を持っていると考えます。
現代の多くの科学者は、生命体の中で「意識」を持つのは、人間と一部のサルの仲間だけであると考えているようです。それ以下の生物は意識を持たず、機械仕掛けの玩具のように、定められた反応と動きをするだけと考えているようです。しかしそれでは動植物や細菌類などの見事な生命活動や様々な不思議を説明することは困難です。

（４）生命体が生きて活動している間、意識が発生し自我が生じます。もし環境が悪化して生命維持に困難が生ずると、自我は何とかして生き残ろうと、必死に困難を打開するための模索を続けます。
すなわち「意識」は、様々な環境において生命を維持するため

に、耐えて、模索して、工夫して、変化して、学習して、生き延び、発展しようと努力します。そして可能な範囲で個体の変化を誘導します。「意識」は「気」の振動ですから、物質である肉体や遺伝子を変化させる「エネルギー」を動かせると考えます。

(5) 個々の生命体だけでなく、同種の多くの生命体の「意識」が同じ傾向を指向すると、「気」のエネルギーの集積と流れと増幅が起こります。
その結果、大きなエネルギーを持った「意識」が、大元の「生命情報」に変化を与えることができると、遺伝子を書き換えることがあり得ます。その場合、個体だけでなく、その種全体が進化し、あるいは枝分かれして新たな種が誕生することもあり得ます。
すなわち、「意識」の変化の集積が、ある臨界点を超えると、個体の変化を起こすだけでなく、進化の原動力になり得ると考えられます。こうして地球上では、多くの種が個別に変化し、進化して、実に多様な生物が栄えてきたと考えます。

(6) ダーウィンの進化論では、全ての生物には共通の祖先がいて、その祖先から長い時間をかけて少しずつ変化し枝分かれして、現在の多様な生物に進化したとしています。これは大筋として正しいと思います。ただし、ダーウィンは、「突然変異と適者生存」のみでその過程を説明していますが、それだけで説明できない生物事例が現実に多数あります。

(7) 私は「意識」と「環境変化」が進化に大きな役割を演じていると考えています。生物は、動物であれ、植物であれ、単細胞生物であれ、程度の差はあるにせよ、全て「意識」を持ちます。この「意識」が環境の変化に対応して何とか生き延びよ

うと模索し、それが生物変化の原動力になると考えます。したがって環境が大きく変われば変わるほど、「意識」の働きが活発化して、より大きな変化や進化を促すことになります。

<補足1> 顕在意識と潜在意識

(1) 脳を持つ動物の場合、脳は顕在意識（＝表面意識）の主役となります。顕在意識は、主として脳の神経細胞の活動によって生じます。同時に神経細胞の動き（振動）が周囲の「気の海」に拡がり、心となり意識となります。顕在意識は、物質である脳の働きが主役ですが、非物質である心（意識）と密接な相互作用を持ちます。脳の活動による顕在意識は「表」であり、その結果生ずる心（意識）は「裏」であり、表裏一体の関係とも考えられます。

(2) 脳を持つ動物は、顕在意識の他に潜在意識も持ちます。意識の主体である「自我」でさえも、潜在意識の中身はほとんど認識できないため「潜在」の2字がついています。潜在意識は謎に包まれており全く解明されていません。潜在意識は、心（意識）の累積結果であり、脳の外側の「気の海」に拡がっていると私は考えています。そして驚くような様々な特性をもっています。後にご説明します。

(3) 顕在意識の舞台は主として脳であり、潜在意識の舞台は「気の海」すなわち宇宙空間そのものです。前者は物質であり、後者は非物質であり脳の外側に拡がって存在します。全く異質ですが相互に連携すると考えます。
脳を持たない動物や植物や細菌は、顕在、潜在の区別のない、それぞれの「意識」をもつと考えます。

＜補足２＞　細菌たちの「意識」

脳を持たない動物や植物や細菌が、それぞれの「意識」をもつという根拠の一つは以下のとおりです。
20世紀前半に「ペニシリン」が初めて実用化されました。「ペニシリン」は病原性細菌を退治する抗生物質の第１号でありその有用性は素晴らしいものでした。しかし間もなく、ペニシリンが効かない「薬剤耐性菌」が現れました。それに対応してペニシリンの代わりに「メチシリン」が開発されました。しかしこれも効かない新たな「薬剤耐性菌」が現れ、今度は「バンコマイシン」を開発しました。しかしこれさえ効かない「多剤耐性菌」が出現しました。現在これに効く薬剤は開発できていません。

脳はもちろん、眼さえ持たない「単細胞生物の細菌」が、21世紀の人類の知能に対抗しているように見えます。そして環境に対応して驚異的な速度で遺伝子を変化させ、進化を遂げているのです。ダーウィンの偶然による突然変異と自然淘汰だけでは、何万年、何百万年とかかる進化を、わずか数年〜数十年の間に矢継ぎ早に成し遂げています。偶然の突然変異でなく、明らかに強い意志をもって最短時間で進化しているようです。単細胞の細菌でさえ、「意識」を持ち、高度な知性を有しているように見えます。それとも全くの偶然なのでしょうか？

実は「抗生物質」は人間が創ったのではなく、青カビや放線菌など細菌類が自らを守るためにその体内で合成したものです。人間はその成分を抽出して薬剤化したのに過ぎません。大自然では単細胞の細菌たちが、互いに競い合って攻防を繰り広げ、猛スピードで進化を遂げています。細菌

は明らかに「意識」を持っているように見えます。
科学者たちはこの事実をどう説明するのでしょうか？

[仮説F]

心（意識）は互いにつながり得る。
心（意識）によって気が誘導されエネルギーが運ばれる。
心（意識）は物質に影響を及ぼし得る。

（1）「気の海」の振動が「心」であり「意識」です。
全ての人の「意識」や「潜在意識」は、「気の海」の中で重なり合って振動していると考えられます。「気の海」の中に仕切りや境界はありませんから、各個人の「意識」は条件によっては他の人の「意識」とつながり得ると考えられます。

（2）似ている話です。私たちの周囲の空間には様々な電波が飛び交っています。テレビやラジオ、スマホ、レーダーなど様々な異種な電波が重なるように飛び交っていますが、私たちは普通そのことを全く意識しません。でも適当な同調回路（選択機能）を持った受信機があれば、好きな電波を選択して受信することができます。
「意識」は高次元の「気の海」の振動ですから、次元は違いますが、3次元空間における電波に相当すると考えることもできます。したがって条件が整えば、生命体の意識や潜在意識は、互いにつながり得ると考えられます。

（3）水の分子が動いて波ができ、波によって水の分子自体も動かされます。また津波は海の水の動きや流れによって発生し、それ自身巨大なエネルギーを運びます。
水の流れと同様に、気の海にも流れ（動き、振動）があります。流れによって「気」自体も動かされます。気の海の動きは「心」ですから、「心」によって「気」は動かされる、誘導されることになります。そして同時にエネルギーが運ばれます。

（4）気功や太極拳や合気道などを継続していると、心（意識）によって「気」が誘導されることを実際に体感することができます。心を集中した時の気の威力の凄まじさを実感できるようになります。「意識が気を導く」ことは、太極拳や合気道の基本原理になっています。

（5）心（意識）は、素粒子に影響を及ぼします。素粒子は物質の最小単位ですから、それらが集合した原子や分子や物体が、心（意識）によって影響を及ぼされても不思議ではありません。すなわち強力な心（意識）の集中によって、物質を動かしたり変化させる可能性があります。現実にそのような事例が多くあります。

（6）心（意識）が素粒子に影響を及ぼすことは「地球意識プロジェクト」という世界規模の実験で証明されています。少人数では影響がありませんが、数万人規模の心（意識）が集中すると素粒子に影響が及ばされます。したがって、念力やサイコキネシスと呼ばれる現象はあり得ると考えられます。

上記は少々理解しづらいかもしれませんが、高次元空間の性質であり当然の帰結です。気分転換しましょう。

＜詠み人知らず川柳＞
　　　日帰りで 行ってみたいな 天国に
　　　延命は 不要と書いて 医者通い
　　　まだ生きる つもりで並ぶ 宝くじ

［仮説G］

心（意識）は消えずに残り得る。
継続する強い願いは実現し得る。
「意識」を移したりコピーすることができる。

（1）人間の肉体は物質でできていますから「3次元空間」の制約を受けます。
一方、「心や意識」は「気の海」の振動ですから、高次元空間に拡がっており、「3次元空間」の制約を受けません。すなわち、「心や意識」は「3次元空間を超越」しています。

（2）同様に「心や意識」は「時間を超越」しています。何故なら、3次元空間と時間は、物質にとっての制約ですが、高次元の現象はこの制約を受けないからです。3次元の世界に住む私たちの抱く「時間」の概念は高次元では全く変質してしまいます。

（3）そして驚くべきことに、「心や意識」は消えずに残り得ま

す。少々理解しづらいかもしれませんが、高次元空間の性質であると考えます。
「時間の流れ」があるからこそ、何かが生まれたり消えたりします。高次元空間では、時間の流れがないと考えると、生じた「心や意識」はそのまま残存するのです。そして「潜在意識」と呼ばれたりもします。

(4) したがって、生命体の「意識」は、生きている間の意識も、死んだ後の意識も宇宙空間に残ります。脳で発生した顕在意識も、脳の外側の潜在意識も「気の海」に残ります。動画を記録したメディアのように、「意識」の全ての瞬間が宇宙空間に残るのです。再生できるかどうかは別の問題です。

(5) 亡くなった人の意識も宇宙空間に残るのですから、かつて地球上に生きた全ての人の意識が、「気の海」に残ります。宇宙空間は人やその他の生命体の意識で溢れかえっていると考えられます。したがって、100年前、1000年前に生きた人々の意識と、私たちの現代の意識がつながり得ます。実際に、過去に生きた人々の心をリーディングすることができるようです。

(6) このことは、インターネットの情報と似ています。例えば、今日インターネットに投稿した記事も、10年前に投稿した記事も、記事としては同格であり、削除しない限り記事はいつまでも残るのと同様です。
ある記事をインターネットに投稿すると、様々な閲覧者が検索します。ある人はコピーして自分のコンピュータに保管したり、友人に転送したりなどして、一つの記事があちらこちらに分散します。一度投稿された情報は残存し続け簡単には消えなくなります。

そして10年前の情報でも100年前の情報でも、検索さえできれば利用することができます。

(7) 有限サイズのインターネットでも情報が残るのですから、無限の容量をもつ高次元の宇宙空間では、より広範に消えずに残り得るのです。一度生じた「心や意識」は消えずに残存し得るのです。

(8) 一度生じた「心や意識」は、全く変化せずにそのまま残るのでしょうか？　良くは分かりません。しかし、「気の海」は静止しているわけではありません。絶えず振動していますから、変化することは十分に考えられます。その場合、似た性質の「心や意識」は次第に統合される可能性があると考えられます。「心や意識」の世界でも「類は友を呼ぶ」と思われます。

(9) 継続する強い「願い」は実現し得ます。
強い「願い」とは、ある対象に心を絞り込んだ願望意識です。「意識」が一定の方向に向けられ、それが長時間ぶれずに継続すると、その願いが実現する方向へ動き出します。「心や意識」はエネルギーを伴うからです。

(10) 意識は「気の海」の振動ですから、他へ移したりコピーすることができます。1つの音叉の振動が共振によって他の音叉に伝わる様子をイメージすると解かり易いのではないでしょうか。仏教では、高僧のもつ重要な「叡智」を弟子にコピーすることを「伝授」とか「灌頂」（かんじょう）と呼んでいます。

> ［仮説H］
>
> 「気の海」は生命体の「意識」で賑わっている。
> いわゆる神は「意識と叡智」の高みである。
> 「気の海」には多数の「宇宙」が浮かんでいる。
> 「気の海」は、天体、物質、非物質、多宇宙など、全てを包含する「大宇宙」である。

（1）「気の海」は無数の生命体の「意識」で賑わっています。からだを持つ生命体、すなわち「生物」の意識が拡がっています。そして「からだ」を持たない生命体の意識も無数に「気の海」に拡がっています。「生物」の意識は死後も残存するからです。

人間の死後の意識は「霊」とも呼ばれます。「霊」は肉体のからだを持ちませんが、自立した意識を持ち、自我を持ち、弱い生命エネルギーを持つと考えられます。

（2）私たちが「神様」と呼んでいる尊い存在は多岐にわたります。上は天地創造主、唯一絶対神から、神社の神、山の神、トイレの神様までその幅は実に広いですね。神様に上下をつけるとは何事かと叱られそうですが。なお、ここでは個々の宗教で崇める神様は除外して考えます。

（3）上と下を除いた「ふつうの神様」に関して考えると、その実態は過去・現在・未来の膨大な「意識」が集積し、整理、統合され、昇華された「意識の高み」であり「叡智」であると考えることができます。そしてそれらの神様は多数存在し、それぞれ得意分野を持っていたり、レベルや格の高低があっても

不思議ではありません。
何故なら、元をたどれば地球上に実際に生きた人類や生物の意識の集積であり、特性の相違や、昇華の度合いに差ができても当然と考えられるからです。場合によっては、何がしかの欠陥や悪意を含んだ神がいてもおかしくないと考えられます。

(4) かつて地球上に生を受け、治療法や健康法を研究し実践した人々の意識が、集積し、統合されて、医学分野の大きな「意識の高み」、「叡智」に昇華することもあり得ます。
仏教の仏像には様々な種類と役割があります。例えば、「薬師如来」は、そのような「意識と叡智」を仏像の形に象形化したものと言えます。今風に言えば、医学、薬学を担当している仏様と考えてよいと思います。同様に「文殊菩薩」は、智慧や学問を司る仏様であり、その本質は、その分野の「意識と叡智」のまとまりであり、高みであると考えられます。そして、かつて人類が興味を持った様々な分野で、それぞれの神様が存在すると考えられます。

(5) 仏様も神様と同質の「意識の高み」であり、単純に呼び方や経歴が異なるだけと考えます。もちろん、「神様」も「仏様」も物質ではありませんから形はありません。根源のエネルギー「気の海」の振動ですから、その振動に応じたエネルギーと情報を持っています。

(6)「生物創造」に関わる神様も沢山おられると思います。様々な生物が環境の変化に耐えて何とかして生き延びようとしてきた「意識」や、こんな機能を持った生物になって強くなりたいという「意識」などが集積され、統合され、昇華した「意識の高み」です。
生物の属や種ごとに神様の専門や担当が決まっているのかも知

れません。
しかし、天地創造主や唯一絶対神がおられるかどうか私には分かりません。今のところ否定する材料も肯定する材料も十分に持ち合わせていません。

(7)「気の海」は、無数の様々な生命体の「意識」で賑わっています。しかし、これまでご説明してきた良い方向の「意識の高み」ばかりではありません。悪意を持つ意識もあり得ます。人間の世界と同様であり、善悪、正邪、その他様々な意識とその集合があり得ます。

(8) 広大無辺の「気の海」の中に、多数の「宇宙」が浮かんでいると考えます。そのうちの一つが私たちの「宇宙」です。私たちの「宇宙」は「気の海」から見ると、「サブ宇宙」の位置づけになります。
「気の海」は高次元空間であり、私たちの「宇宙」は3次元空間です。「気の海」は多数の「サブ宇宙」を包含し、物質はもちろん、非物質など全てを包含する「大宇宙」と位置づけます。大宇宙の本態は「気の海」であり、ここから全てが生まれると考えます。

(9) 人間は、「宇宙」に属し、同時に「大宇宙」にも属しています。肉体は3次元の「宇宙」に所属し、心や意識やいのちは高次元の「大宇宙」に拡がっています。
「大宇宙」すなわち「気の海」は、物質、非物質はもちろん、全ての存在と現象の舞台であり、揺りかごであり、ふるさとです。

(10)「気の海」は、物質や天体や他宇宙はもちろん、「心や意識やいのち」など、あらゆるもので賑わっています。「気の海」

の中に境界はありませんから、心や意識やいのちなど、あらゆるものは互いにつながり得ます。
すなわち、全宇宙の存在は物質であれ意識であれ単独で存在するのでなく、相互に影響しあう存在と考えられます。生命体である人間も同じであり、決して単独で生きているわけではなく、また死後の意識も他の意識と相互に影響を及ぼしあう存在と考えられます。
このことが理解できると人間としての「生き方」も自然に変化していきます。第6章でご説明していきます。

仮説の説明が長くなりましたので、仮説の要点だけを以下に羅列してみます。

<<仮説の一覧>>

[仮説A]
宇宙空間に「根源のエネルギー」が拡がっている。
「根源のエネルギー」は宇宙の根源である。
「根源のエネルギー」を「気」と呼び、宇宙空間を「気の海」と呼ぶ。
「気」は3次元よりも次元の高い「高次元の空間」に拡がっている。

[仮説B]
「気」が凝集すると物質が生ずる。
全ての物質の背後に「気」が集約している。
この「気」は物質に関する情報を保持している。

［仮説Ｃ］
「いのち」の本質は「生命エネルギー」であり、「生命情報」を内包する。
全ての生命体は「気のからだ」を持っている。
「いのち」は「肉体のからだ」と「気のからだ」を統合して、「生」を生じさせ、「意識」を生じさせる。
「いのち」を失うと死となり生命体は消滅する。
死後、消滅するものと残存するものとがある。

［仮説Ｄ］
「心」は「気の海」の振動である。
「気」と「心」は同体である。

［仮説Ｅ］
生命体に生ずる「心」を「意識」と呼ぶ。
意識の主体を「自我」と呼ぶ。
生命体は自我を中心にして生命活動を営む。
「意識」の変化の集積が生命体を進化させる原動力になる。

［仮説Ｆ］
心（意識）は互いにつながり得る。
心（意識）によって気が誘導されエネルギーが運ばれる。
心（意識）は物質に影響を及ぼし得る。

［仮説Ｇ］
心（意識）は消えずに残り得る。
継続する強い願いは実現し得る。
「意識」を移したりコピーすることができる。

［仮説Ｈ］

気の海のにぎわい

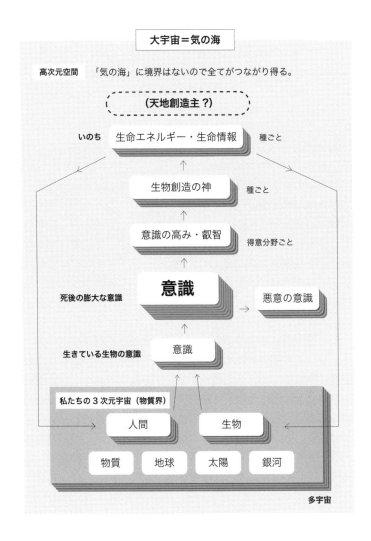

> 「気の海」は生命体の「意識」で賑わっている。
> いわゆる神は「意識と叡智」の高みである。
> 「気の海」には多数の「宇宙」が浮かんでいる。
> 「気の海」は、天体、物質、非物質、多宇宙など、全てを包含する「大宇宙」である。

どうしてこれらの仮説が必要なのでしょうか？
一般的な暮らしをしている方々にはなかなかご理解頂き難いと思います。
実は科学の最先端では、ダークエネルギーをはじめ様々な不思議が未解明のままになっています。一方、人間や生物に関しても謎と不思議が山積しており、ほとんど手付かずに近い状態と言っても過言ではありません。気功、合気道、太極拳、東洋医学などを実践されている方々の多くは、「不思議な働き」を実感され活用されています。しかし、そのしくみや理由は全く未解明です。

上記の仮説群は、物質の世界と非物質の世界を結びつけることにより、これら様々な不思議を解消していきます。これらの仮説は「宇宙のしくみ」を概説する「宇宙論」であり、物質偏重の西欧文明に修正を促す「統合宇宙論」でもあります。
別の表現をすると、目に見える世界（物質の世界）と目に見えない世界（心の世界）を結びつけるもの、それが「根源のエネルギー」すなわち「気」である、ということになります。
物質だけで宇宙を語ることは片手落ちなのです。

これらの仮説が何故必要なのか、その背景、根拠、状況証拠な

どに関しては、下記の本または電子書籍をご参照ください。

書名:『大宇宙のしくみが解かってきた!』(280ページ)
著者:関口素男
発行所:カクワークス社
価格:書籍1700円(税込)、電子書籍1200円(税込)
注文:全国一般書店、インターネット注文:アマゾン、楽天ー三省堂

[2-3] 重要なポイント

ここまで大宇宙のしくみに関する「仮説Aから仮説Hまで」をご説明してきました。概説ですから説明を省略しているところが多々ありますし、もともと解かり難い概念ですので、全体を通して重要なポイントを強調しておきたいと思います。

1.「気」が神羅万象全ての根源である

「気」は「根源のエネルギー」であり、神羅万象全ての大元、根源です。
「気」が凝集すると「物質」になり、「気」が振動すると「心」、「意識」、「いのち」、「情報」が生じます。「気」、「心」、「意識」、「いのち」は物質ではありませんから非物質です。
物質、非物質を含め、私たちの宇宙も他の全ての宇宙も「気の海」に浮かんでおり、「気」から出来ています。「気」が神羅万象全ての根源です。「気の海」が全ての「ゆりかご」です。「気」は広大無辺な大宇宙にあまねく拡がっています。
ただし、「気」は高次元に所属するため、3次元に所属する私

たち人間が「気」を直接見たり観測することはできません。科学の対象は「物質」ですから、多くの科学者の立場からみると、「高次元の『気』など知らぬ！」ということになってしまいます。「物質」は粗いので3次元空間と時間の制約を受けますが、「気」、「心」、「意識」、「いのち」など「非物質」は、形も大きさもなく精妙であり高次元に拡がると考えます。

2．生物は高度複合体である

現代西洋医学は、「肉体のからだ」だけを重視します。「こころ」や「いのち」は「肉体のからだ」の働きによって付随的に発生する副産物に過ぎないと考えているようです。そして専ら「肉体のからだ」だけを研究し追求しています。しかしそれは間違いです！
私たち人間をはじめ、全ての生物は「肉体のからだ」だけでなく、「気のからだ」と「生命エネルギー」を持っています。気功、合気道、太極拳、東洋医学などを実践すれば、その働きを実感することができます。

素粒子が生ずるときは、その素粒子に必要な根源のエネルギー（気）と情報が素粒子に自動的に附随します。物質が生ずるときは、必要なエネルギーと情報がその物質に自動的に附随します。細胞が生ずるときは、その細胞に必要なエネルギーと情報が附随します。肉体が生ずるときは、その肉体に必要な膨大なエネルギーと情報が附随し、それらを「気のからだ」と呼んでいます。「気のからだ」は「肉体のからだ」に必然的に附随し寄り添うのです。

「肉体のからだ」は物質ですから、3次元空間と時間の制約を受けます。一方、心、意識、いのち、気のからだなどは非物質

ですから、3次元の制約を受けずに高次元空間に拡がります。
生物は、3次元空間と高次元空間の両方に同時に属する「高度複合体」と考えることができます。だからこそ生物に関する謎がなかなか解けないのです。

3．「いのち」の本質は「生命エネルギー」である

「生命エネルギー」は「いのち」の本質であり、同時に「生命情報」を内包します。「生命エネルギー」の振動が「生命情報」です。
「生命エネルギー」が「肉体のからだ」と「気のからだ」にリンクすると、生命体に「生」が生じ「意識」が生じます。いや、むしろ、「生命エネルギー」があるからこそ「肉体のからだ」と「気のからだ」が生じると言うべきかも知れません。
「生命エネルギー」が離れると生物は死に、肉体のからだは崩壊します。
生物が生きている間は、高次元の「気のからだ」と「生命エネルギー」が3次元の「肉体のからだ」を包み込みます。そのことによって「生」が生じ、「意識」が生じるのです。

「生命エネルギー」は、強力な「気の渦巻」であると考えるとイメージし易いかも知れません。強力な「気の渦巻」が「肉体のからだ」と「気のからだ」に十分なエネルギーを供給し、また両者を融合させて、生命体を生かします。
「生命エネルギー」は「生命力」の根源です。「生命力」が強いということは、「気の渦巻」が力強く、「生命エネルギー」が満ち溢れているということになります。
「生命エネルギー」も「気のからだ」も、ともに「気」であり高次元に属していますから、両者は実際には融合され一体となって生命活動の源になると考えられます。

4．人間は全てを知ることができない

人間は生物ですから前述のとおり、3次元空間と高次元空間に同時に属する高度複合体です。人間の思考の主役は脳です。脳は肉体の一部であり物質ですから、3次元空間と時間の制約を受けます。したがって脳の活動によって、高次元空間に属する非物質の世界（心、意識、いのち、気など）の全てを知ることはできません。原理的に低次元空間に生きる生物は、高次元空間の全ての現象を認識することができません。
したがって、本質的に人間はこの宇宙の全てを知ることはできないのです。すなわち「宇宙のしくみ」を100％完全に解き明かすことはできません。
ただし、全く手段がないわけではありません。共感の手法などによって高次元の世界を垣間見ることができます。その手段として、気功、瞑想、座禅などがあります。
私の仮説群のいくつかは、共感の手法や体感や直観などによって導かれています。

5．健康の本質

生命体は、「肉体のからだ」と「気のからだ」と「生命エネルギー」とから構成されます。したがって健康な生物とは、「肉体のからだ」だけでなく、「気のからだ」と「生命エネルギー」が共に正常な状態にある生物ということになります。
「肉体のからだ」が大事なことは誰でも理解できますが、「気のからだ」はそれにも増して重要です。「気のからだ」が正常に機能することによって、「肉体のからだ」が成長し機能を発揮します。「気のからだ」が不調だと、「肉体のからだ」が不調になります。
「肉体のからだ」は見えますから異常に気づき易いですが、「気

のからだ」は見えませんから不調になかなか気づきません。

「気のからだ」も「生命エネルギー」もその本質は「気」であり高次元空間に拡がっているので、別々に分かれて存在するわけではありません。その機能面の違いを識別するために説明の都合上、言葉を使い分けています。実際には混然一体としたエネルギーの働きということになります。一般的にはそれを「エネルギー体」と呼ぶことが多いのですが、使う人の立場や考え方によってその意味する範囲は微妙に異なります。

「気のからだ」と「生命エネルギー」を正常に整える方法論があります。
一言で言えば「気功」です。「気功」に関しては後述いたします。

6．死後の世界は有るか？

生物の死後に、意識が無くなるのか、残るのかについては、人によって意見が二分されると思います。残念ながらこの問題を断定的に結論づけることはできません。「脳」は物質であり3次元に属していますから、高次元に属する意識現象の全てを知ることはできないのです。
死後の世界は無いとする方々の主な理由は、「死後の世界についての論理的・科学的な説明ができないから」という方が多いようです。しかし科学は、物質を中心とする観測可能な対象しか扱えませんから、対象範囲外の意識や心やいのちなど非物質に関して確信をもって言及することができません。

「仮説C」でも述べましたが、私は死後も意識が残ると考える方が自然であり無理がないと思っています。
無数の臨死体験の証言や、いくつかの科学的実験などを考慮す

ると、死後に意識が残ると考える方が遥かに自然で合理的に思えます。ただし生きている時の意識と、死後の意識が同じレベルであるとは限りません。多分それなりに変質するものと思われます。

したがって死後の世界がどのようなものであるのかは良くは解かりません。臨死体験の報告例が数えきれないほど沢山ありますが、実際の死と臨死体験とは同一とは限りませんから、証言の内容通りという保証はありません。

しかし、たとえ生きている時の意識と死後の意識が多少変質するとしても、意識は基本的には途切れることなくつながると考えられますから、私たちは死を恐れる必要は全くないと考えられます。むしろ、死後の意識は、他の多くの意識とより広くつながり、もっと面白く魅力的な世界である可能性もあり得ます。もし死後の世界は無いとすると、おびただしい数の様々な現象や報告を無視する以外に方法がないことになります。

7．地球は生命体のための舞台装置である

私たちは、この地球上で「生」を受け一生を過ごします。肉体は、物質界で生きるための借り物の「衣」であり、死んだら借り物を返して、「意識」だけの世界に戻っていくという考え方があります。生命体の本質は、見えない「意識」ではないかという考え方です。私もいろいろ見聞きし体験してきて、その方が自然な考えであると感じています。

この宇宙や地球上で生きている生命体の数は有限です。人間の数は現時点ではわずか70億人強です。この物質界は、言わば「特設ステージ」であり、私たちは、スポットライトが当たった「特設ステージ」の上で生まれ、活動し、一生を終えて舞台を降り、再び見えない「意識」の世界に戻っていくと考えることができ

ます。そして絶えず新しい登場人物が「特設ステージ」に現れては消えていきます。
かつて生きた膨大な数の生命体の「意識」が高次元空間に残っており、それらが圧倒的な多数を占めています。そして「意識」は広く拡がっています。私たちは、物質界で生きている間、ずーっとこれらの膨大な「意識」に見守られていると考えた方が良いかも知れません。見えない「意識」たちが皆、「特設ステージ」上の私たちの一挙手一投足を見つめているのかも知れません。

上記のように考えてくると、私たちは生きている間、無数の見えない存在に見守られているのですから、「全てがお見通し」になっています。他人に分からなければ何をやっても大丈夫と思うのは、とても狭量で恥ずかしい考えであることになりますね。
生きている間、いかに心を磨き、魂を成長させ、周囲に何かを与え、貢献してきたのかを見られているのかも知れません。
そして私たちが死んだ後の「意識」は、今度は「見守る側」になって、ステージをじっくり観察する立場になり得ます。しかし、生きている間に他人に大きな迷惑をかけるなど目に余る行動をしてきた場合は、「見守る側」に立てないかも知れませんね。
日本には「お天道様(てんとうさま)」という言葉があります。「お天道様に恥じないような行いをしなさい」とよく言われました。お天道様を「見えない存在」と置き換えれば正にそのままですね。つくづく日本人は凄いなあと思います。

時々これらの見えない「意識」、見えない「存在」から、物質界の人間が手助けを受けることがあるかも知れません。その結果、自分の想いが実現し易くなったり、自分にとって悪いことが起き難くなったりすることがあり得ます。「意識」は「エネ

ルギー」を伴うので、物質界に影響を与えることができるのです。俗に言う「守護霊」や「守護神」など、そして「神のご加護を」という言葉はこのことを指していると考えても良さそうです。私たちは自分ひとりだけで生きているわけではなさそうです。
この宇宙や地球は、「気の海」に浮かぶ生命体のための舞台装置であり、「特設ステージ」であり、「成長のための場」であると考えることができると、考えや価値観や生き方が変わってきます。

8．神の本質は「意識」であり「姿・形」はない

「気の海」は、生きている生物の「意識」や、死後の生物の無数の「意識」で賑わっています。人間の死後の意識は「霊」とも呼ばれます。私たちの父母や祖父母や先祖の霊は、生きている私たちに関心を持ち見守ってくれている可能性があります。そのような個人の「霊」は、先祖霊や守護霊などと呼ばれることもあります。

「類は友を呼ぶ」という言葉の通り、共通点の多い「意識」は集積し、統合されて大きな「意識」のまとまりに成長し得ます。学校の音叉の実験の通り、「振動」は共鳴することによってより大きな「振動」になります。心や意識は「気の海」の振動ですから共鳴し得るのです。
「木の精」とか「森の精」という言葉があります。木が沢山集まり大きな森となり、数十年、数百年も経過すると、個々の木の「意識」が集積し、統合されて大きな「意識」とエネルギーにまとまり得ます。感覚の鋭い人々はそれらを感じ「精」と呼んでいるのかも知れません。他にも山の精、水の精など、大自然には様々な「精」、自然のエネルギーと意識が満ちていると

考えられます。

過去・現在・未来の膨大な「意識」が集積し、整理、統合され、昇華された「意識の高み」、「心の高み」もあり得ます。私たちはそれらを「神様」と呼んでいると思われます。
様々な生物が何とかして生き残ろうとして努力してきた無数の生物の「意識」が集合・蓄積・昇華されると、生物改良・進化を推し進める「意識」となり得ます。これらは「生物創造」の神と呼んでも良さそうです。生物の属や種ごとに神様の担当が決まっているのかも知れません。
もちろん、神様といってもエネルギーと情報の集積であって、姿かたちはありません。神の本質は「意識」であり、高次元空間に拡がった「気」の振動です。高度に集積し、整理、統合され、昇華された「意識の高み」は、強い自我を持ち、強い生命エネルギーを持つと考えられます。したがって個人の「祈り」などの意識と共鳴すれば祈りが実現する可能性があり得ます。
地球、太陽、銀河など物質界は有限です。それに対して「気の海」の拡がりとエネルギーは無限です。したがって「気の海」の振動である「心や意識」は無限のエネルギーと働きを持つと考えられます。

ここまで「大宇宙のしくみ」に関する仮説を長々とご説明してきました。
ところで、仮説によって何か変わるの？　と疑問をお持ちの方もおられると思います。
はい！　大きく変わります！
物質の世界と非物質の世界がつながります。
科学の世界と非科学の世界がつながります。
人間観、世界観、宇宙観が変わってきます！

健康をグレードアップすることができます。(第3章、第4章)
価値観の転換が期待できます。(第5章)
世界的な諸難問解決のための糸口が得られます。(第5章)
生き方が変わってきます。(第6章)

第3章　健康のグレードアップ

[3－1] 生命体の根源は「気」である

第1章で述べた「健康の基礎」をベースにして、さらに第2章で述べた「大宇宙のしくみ」を具体的に活かすことによって、健康を大幅にグレードアップする方法があります。

（1）「大宇宙のしくみ」において、万物の根源は「根源のエネルギー」すなわち「気」でした。そして人間をはじめとする全ての「生命体」の根源も「気」です。したがって、「気」の働きを上手に活用することができれば、健康を大幅にグレードアップすることができるのです。

（2）別の表現をすると、生命体の「気」の状態を整えておくことがとても重要になってきます。「気」が乱れると「生命体」の健康が損なわれる可能性があります。しかし「気」は見えませんから、正常状態なのか不調状態なのか、なかなか解かりません。目安として、気分が爽やか、穏やかであり、気持ちが前向き、積極的になっている時は、概ね「気」の状態が正常である、すなわち、「生命エネルギー」と「気のからだ」が正常であると考えることができます。

（3）では、そうでない時はどうやって「気」を整えたら良いのでしょうか？
良い方法があります！　一言で言うと「気功」です。様々な種類の「気功」によって、「気」の状態を整えることができます。体操やウォーキングや普通のスポーツは、主として「肉体のからだ」を操作します。気功は「気のからだ」を操作することにより、生命体の「生命力」を高めることができます。格段に深い効果を得ることができるのでグレードアップという言葉を

使っています。

(4)「気功」というと、「何と非科学的な！」と眉をしかめる方々が多くおられます。実際に自ら試すこともせず「あり得ない！」と断定してしまいます。様々な要因によって「気」や「気功」に対して誤解されている方々が多くおられます。視聴率重視のテレビ番組が誤解を助長している傾向もあります。また「気」を金儲けの材料に考える困った方々もおられます。
しかし既に述べてきたように、「気」は大宇宙の根源であり、生命体の根源です。そして「気功」の効果は驚くほど広く深いのです。単に健康を維持するだけでなく、健康をグレードアップさせ、人生を前向き、有意義に送り、運気を上昇させ、幸福感を拡げることも可能です。
「気功」は一度覚えてしまえば、一生の宝物になります。90歳を超えても楽々と出来ます。

(5)「科学の解からない奴等は困ったものだ！」と言う方もいます。科学の発展は私たちの生活を素晴らしく快適なものに変えてきました。何でも科学で解明できると考えている方々も多いと思います。「気」や「気功」などは迷信だ、まやかしだと考える方々が多くおられます。しかし、それは間違いです。
科学の対象は、見えるものだけが対象です。観測、測定でき、再現可能で客観性のある事象だけを扱います。「気や心やいのち」は見えないし、客観性も再現性も不十分のため、科学では真正面からは扱えません。科学が扱う対象は見える「物質」が中心なのです。

(6) 科学を過信されている方々は学生時代の古い固定観念に捉われていて、最先端の科学にあまり触れていない方々が案外多いのかも知れません。超マクロ（宇宙天文学）の世界、そし

て超ミクロ（素粒子）の世界の最先端では、解からないことや理解不能なことが満ち溢れています。科学で解き明かせない謎がたくさんあるのです。科学は決して万能ではないのです。

（7）「気」とか「気功」が誤解される原因の最大の要因は、見えないから、観測できないからだと思います。でも見えないから無いと断言することはできません。「ダークエネルギー」は見えませんし、その正体は全く未知ですが、存在することは解かっています。「心や意識」も見えませんが、誰でも認識はしています。
「気や心や意識」は3次元でなく、見えない高次元に拡がっているのです。「気」や「気功」は、「科学」を超越しているのです！

＜補足1＞　科学と非科学

16世紀のコペルニクス以来、天動説と地動説が対立しました。現代では誰でも地球が太陽の周りを回っているという地動説を抵抗なく受け入れていますが、以前は、この微動さえしない大地が動いている筈がないではないか、地球が動いているなどという奴等は不穏分子だと考える人々が多かったのです。そして少なからぬ地動説支持者は迫害され命の危険に曝されてきました。
現代において、見えるものしか信じない科学教信者は、昔の天動説論者に例えられるかも知れません。見えない「気」や「心」が大事だと考える地動説論者に対して怪訝な目を向けます。でも、やはり天動説は誤りなのです。見えないけれども、そして十分には良く分からないけれども、「気」や「心」の働きがとても重要なのです。

科学は17世紀のニュートンの時代から急速に発達してきました。それは見えない難解な部分を切り離し、分かり易い見える領域、すなわち物質だけを対象にすることで発達してきました。しかしニュートンは、見えない世界の重要性を十分に認識して盛んに研究していました。ニュートンに限らず当時の研究者の多くは、見えない世界を認識していました。現代人の中にはそのことをすっかり忘れてしまい、見えないものは存在しないのだと大きな思い違いをしている方々が少なくないようです。

現代科学における宇宙論は、物質を中心とする宇宙論が大半です。見えない「気」や「心」をはじめ非物質に関しては考慮の対象から除外しています。その結果、様々な不思議や謎が放置されてきています。

＜補足２＞「気」の作用

2016年６月１日に放映されたＮＨＫの「ガッテン！」をご覧になった方もおられると思います。認知症の老人の手を軽く撫でてあげるだけですが、継続することによって症状が大幅に軽減された実例が放送されました。他にも、手や肩や背中を軽く撫でたり、摩ったりするだけで、痛み、高血圧、不眠症、不安症などの症状が軽減される実例がたくさんあるようです。軽く撫でたり、摩ったりすることによって、脳内にハッピーホルモンとも俗称される「オキシトシン」が産生され、それが脳の扁桃体に働きかけるようです。

しかし、撫でたり、摩ったりするだけで何故「オキシトシン」が産生されるのか、そのしくみに関しては全く説明できていません。もちろん皮膚どうしの物理的な接触によって、皮膚上に化学物質が産生するわけではありません。

> 私は撫でる人の「気」が、撫でられる人の「気のからだ」に作用することによって、結果的にホルモン分泌細胞を刺激し「オキシトシン」が産生されると考えています。
> このような、科学的にはしくみを説明できないけれど、明らかに効果が認められる方法論は無数にあります。後にご説明する「外気功」によって相手の不具合を治療する方法も同様と考えられます。触っても、触らなくても、相手の「気のからだ」に作用を及ぼし、様々な症状を軽減することができるのです。
> 生命体の「気の働き」を無視してしまったら、様々な不思議が説明不能のままで留められてしまうのです。

[3-2] 気功の効果

先ず「気功」によってどんなことが体験できるのか、どんな働きを感じることが出来るのか「気功の効果」についてご説明していきます。

1.「気感」:「気」を感じる

(1)「気」は目には見えませんが、気功を続けていると、次第に「気」を感じられるようになってきます。「気感」といいます。「気感」には個人差があり、比較的早めに感じる方もおられるし、なかなか感じにくい方もいらっしゃいます。
気の感じ方も人によって様々です。静電気のようにビリビリと感じる方が比較的多いと思いますが、磁場のように感じる方、圧力を感じる方、暖かく感じる方、ヒンヤリと感じる方、サラ

サラ感を感じる方など様々です。行う気功の種類によって感じ方が変化する場合も多くあります。

（2）気感が分かるようになると、人体の体表面の様々な場所から気が強く出ているのが分かるようになります。
たとえば、頭頂（百会：ひゃくえ）、左右の眉毛の中間（印堂：いんどう）、左右の乳首の中間（膻中：だんちゅう）、おへその少し下（丹田：たんでん）などは代表的なツボです。これらのツボの付近で、てのひら（掌）をゆっくり動かすと、気の強弱を感じることができます。てのひらは気を感じ易く、気のセンサーになります。てのひらの他に、指先、顔のホホなどでも気を感じられます。

（3）このことから、人間は肉体とは別に「気のからだ」を持っていることを実感できるようになります。普通は「気のからだ」は見えませんし、物理的な測定をすることもできませんが、明確に実感することができ、日々の変化を感じ取ることができます。見えないけれどもその存在を確信することができます。「気のからだ」は「エネルギー体」と呼ばれることもあります。

（4）牡丹やバラの花に手をかざすと、花から出ている気を感じることができます。咲いて開ききった花よりも、つぼみの状態、花が少し開き始めた頃の方が気を強く感じます。植物も「気のからだ」を持っているのです。全ての生命体は「気のからだ」を持っています。気を感じられるようになって初めて分かることですね。
なお、気のからだを見ることができる人もいます。私も一部分を見ることができます。

2．病気予防

気功を続けていると「生命エネルギー」が高まり「気のからだ」が次第に整っていきます。「気のからだ」が整ってくると、肉体のからだも次第に整っていき、肉体のからだの不調が消え元気になっていきます。気のからだは「エネルギー体」だからです。生命力があふれ、自然治癒力が増進し、免疫力が高まります。その結果、病気にかかり難くなります。気功は、病気予防効果、健康効果がとても大きいのです。

3．老化抑制

気功によって老化を抑制することもできます。すなわち、年齢を重ねて身心が衰えてきても、気功は衰えた体力、生命力を補ってくれます。気功を継続している方々の肉体のからだは、しなやかさを保ち、心も若返ります。
そうです！　高齢になるほど気功の恩恵を享受できるようになります。「気」は生命体の根源だからです。

4．簡単な病気治療

気功を続けていると「生命エネルギー」が高まり、「気のからだ」も次第に整い、簡単な病気なら治すことができるようになります。そして自分自身の病気だけでなく、家族の簡単な病気も治せるようになっていきます。てのひらをご家族にかざして暫く心を落ち着けていると、てのひらから「気」が相手に流れ、相手の「生命エネルギー」が高まり、「気のからだ」が次第に整ってくるのです。「手当て気功」、「外気功」と呼ばれることもあります。

5．遠隔治療

上記の手当て気功は、通常は数10cm程度の距離で手当てしますが、その距離をぐんと離すことができます。誰でもできるわけではありませんが、50km、500km離れた病気の人を治すことのできる人も多くいます。原理は全く同じです。相手の気のからだを、離れた場所から積極的に調整するのです。遠隔治療といいます。体験されたことがない方には信じられないと思いますが。「気」は高次元空間に属するので、3次元の空間や時間を超越するからです。

6．武術のグレードアップ

気の働きを活用できると武術の威力が格段に向上します。合気道や太極拳や古武術の一部は気の働きを利用しています。
多くの武術は、力とスピードと技を重視します。気の武術は逆転の発想であり、徹底的に力を抜いて気の効果を引き出します。説明は省略しますが、離れて立つ相手を気で飛ばすことができる人もいます。実際にご自分の眼で見て経験したことのない人には到底信じられないことと思います。「唯物主義」に立脚している現代科学の立場では、当然認めることはできないでしょう。ご自身で試してみれば誰にでも分かることなのですが。気付いていない方々はとてもお気の毒です！
なお、武術の達人や剣聖の中には、鍛錬の究極として「無意識的」に「気」の働きを使っている方々も多くいると思われます。

7．更に！！！

気のトレーニングを続けていると上記のような健康・長寿・武術だけでなく、様々な変化を体験することが多くなってきます。

◎心が穏やかに、そして前向き、積極的になっていきます。

◎周囲との人間関係も次第に和やかになっていきます。
◎しばしば「直感」が働くようになっていきます。
◎そして「想い」が実現し易くなっていきます。
◎潜在能力が開花する方々もおられます。
◎悟りを開く方もおられます。

気の働きを細かく説明し始めるとそれだけで1冊の本になってしまいますのでこのくらいに留めます。「気功」の具体的な方法に関しては次章でご紹介します。

［3－3］気功とは何か？

1.「気功」という言葉

気功という言葉は何千年も前から使われてきたように思われがちですが、実は戦後にできた新しい言葉です。それまでは、導引、行気、運気、吐納、静座法など流派によって様々な呼び方が行われてきました。
1953年になって、中国の唐山気功療養所の劉貴珍老師が「気に関わる修練」は、全て「気功」と呼ぶことにしようと提言を行ってから、「気功」という言葉が急速に広まりました。気功の「功」は、鍛錬、修練、トレーニングを意味します。すなわち、「気」に関するトレーニングは全て「気功」であるということになります。
その結果、「気功」が包含する領域は大幅に拡がりました。それ以前の導引、行気、運気などの元々の「狭い気功」のほか、領域が広まったことによって包含される、太極拳、合気道、瞑想、座禅、ヨガなどの「広い気功」も、「気功」の範囲という

ことになります。
「気功」には何千もの方法・スタイル・流派があります。

2.「気功」を実際にやってみる

「気」に関しては、理解できる方と、そうでない方に二分されると思います。「気」は見えませんからやむを得ない面があります。しかし実際にやってみると誰でも「気」の働きを体感し納得することができます。

皆さんは、「気功、呼吸法、合気道、太極拳、瞑想、座禅、ヨガ、指圧」などのトレーニングのいずれかを経験したことがありますでしょうか？　これらを継続している方々の多くは、「気」の働きを体感・実感・納得されていることと思います。

少し練習すれば誰でも「自転車」に乗ることができるのと同様です。仮に自転車を見たことも聞いたこともない人が、もし頭だけで考えると、安定な3輪車、4輪車ならともかく、不安定な2輪車を自在に乗り回せるとは思えないでしょう。でも実際に練習すれば直ぐに自転車に乗れるようになります。そして歩く場合の数倍の速度で、しかも疲労も少なく自在に乗り回すことができます。実際にやってみると想像以上に便利で役立つし、何よりも爽快で楽しいことに気付きます。世界が拡がって感じられます。

「気」のトレーニングも同様です。実際に継続してみると想像以上に気の働きが大きく広く深いことに感動します。単にからだが健康になるだけでなく、心が拡がり、穏やかになり、前向きになり、やる気が出てきます。生命力が高まってきます。

近ごろ流行りはじめている「マインドフルネス」も呼吸法、気功の一種と言って良いと思います。ただし、マインドフルネスの歴史はたったの数年、気功の歴史は数千年であり、拡がりと深みが異なります。

3．気功の三要素

気功には様々な要素があります。それらを整理して大別すると３つの要素に絞ることができます。「調身、調息、調心」です。まとめて「三調」と呼ぶこともあります。「調」は、「整える」という意味合いです。

（１）「調身」：身体を整え、力が抜けた無理のない自然な姿勢を維持します。
（２）「調息」：呼吸を整え、意識して腹式呼吸を維持します。
（３）「調心」：雑念を払って無念無想の状態をつくり、そして集中します。

（１）調身

「良い姿勢」と言うとどんな姿勢を思い浮かべますでしょうか？私の場合は、小学校時代の「気をつけ！」の姿勢を思い出します。背筋を伸ばし、胸を張って、顎を引いて、ピシーっと立ちました。確かに見た目は綺麗に見えるかも知れませんが、筋肉を緊張させて姿勢を維持するので３分間続けるのも辛いですよね。ですから次に必ず「休め！」がありました。
健康的な「良い姿勢」は大分異なります。「調身」によって健康に良い姿勢を目指します。
「調身」とは「からだを整える」ことですから、「からだから無駄な力を抜いて、無理のない自然な姿勢を維持」できるようにします。
立っている時も、座っている時も、動いている時も、何時でも、不要な力を最大限抜いて、長時間でも疲れないような、自然でバランスのとれた姿勢を維持できるようにします。それによって「気」の流れが良くなります。多くの気功が「調身」の要素を含んでいます。

（2）調息

調息とは一言で言えば「呼吸法」です。一般に認識されている以上に極めて重要です。浅い胸式呼吸でなく深い腹式呼吸によって呼吸をコントロールします。

無意識ではなく、しっかり「意識した呼吸」を行うことによって、全身・全組織に酸素と養分を廻らせて、全ての細胞が設計図通りに機能できるように新陳代謝を活性化させます。

私たちは普段、無意識に呼吸をしています。しかし浅い呼吸をしている場合が意外に多いと言われています。時として、気がつかない間に呼吸がとても浅くなり、肺の一部分だけを使って「必要量の何分の一」かの浅い呼吸をしていることが時々あります。

思い悩んでいるとき、悲しみに沈みこんでいるときなど、特に呼吸が浅くなりがちです。この場合、からだの組織には酸素や養分が十分に届かなくなって、酸欠で悲鳴をあげる組織ができ易くなります。生命体にとって最悪の状況です。とても病気にかかり易い状態になってしまいます。

「呼吸法」にも沢山の方法・スタイル・流派があります。その中で基本は「順式腹式呼吸法」と「逆式腹式呼吸法」です。
第4章で具体的な方法をご説明いたします。

（3）調心

意識をコントロールして脳をリラックスさせ、雑念のない平静な心に導きます。

「調身、調息、調心」の「三調」の中では、この「調心」が一番難しいと言われています。イメージトレーニングや瞑想や座禅などは、「調心」の一種ということになります。

「調心」では、先ず脳をリラックスさせ、脳の活動を鎮静化させ、平静な心に導きます。入静と呼びます。入静状態に入ったら、次に意識をある目標に集中します。意守といいます。目標は、

からだの部分であったり、心や潜在意識の部分であったり、課題であったり、願望であったりと様々です。
特に「調心」は経験豊富なしっかりした先生に師事するのが安全です。

4．気功の学び方と留意点

気功は、教室やサークルに通って、実際に一緒にやってみながら馴れて覚えていくのが一般的な習い方です。そして一つ、二つだけでなく複数の気功を習います。少数の気功で、調身、調息、調心、外気功など多くの要素を網羅することは難しいからです。

気功を行う上での留意点は下記の通りです。
（1）リラックスして心身を脱力して行う。
　　　気楽に、気ままに、マイペースで、無理をせず、自然体で行う。
（2）悲しい時、怒っている時など感情が高ぶっているときは行なわない。落ちついて心が静まってから行う。
（3）早い時間帯に行う。
　　　できれば、朝、午前、午後の明るいときに行う。
　　　夜はせいぜい10時前まで。深夜は行わない。
（4）収功
　　　気功の最後に収功（深呼吸3回）を行う。
　　　気を丹田に収める。
（5）自己流の気功は行わない。
　　　安易に気功を行うと、思わぬ障害が起きることがあります。「偏差」といいます。気功の世界はとても奥が深いのです。繰り返しになりますが経験豊富なしっかりした先生に師事するのが安全です。

気功を行う上で何より大事なこと、それは継続することです。継続することによって気功の威力を実感できるようになります。

[3-4] 気功の分類

気功には何千もの方法・スタイル・流派があると述べました。したがって気功の分類法もいろいろあります。

1. 動きによる分類
（1）動功：動きながら行う気功
（2）静功：座ったまま、立ったままなど、見かけ上あまり動かないで行う気功

2. 範囲による分類
（1）内気功：身体の内側の気を整える気功（自分自身の健康、鍛錬）
（2）外気功：身体の外側にまで気を拡げて、相手（家族や患者など）の気を調整する気功

3. 目的に応じた分類
（1）養生気功：健康・長寿のための内気功、外気功
（2）医療気功：病気治療のための外気功
（3）武術気功：武術として相手を制するための外気功
（4）宗教気功：道を究め、霊性を高め、悟りを開く一環としての気功（仏教気功、チベット密教気功、道教気功など）

4. 主要素による分類

（1）調身が主体の気功
（2）調息が主体の気功
（3）調心が主体の気功
（4）上記を複合した気功

5．姿勢による分類
（1）座って行う気功
（2）椅子に腰掛けて行う気功
（3）立って行う気功（たんとう功と言います）
（4）動きながら行う気功
（5）歩きながら行う気功
（6）寝た状態で行う気功

なお「太極拳」は、本来は気を活用する武術なので、動きながら行う武術気功に分類されます。

＜補足＞　気のからだの構造

気のからだは見えませんし、かたちもハッキリとは認識できません。
肉体のからだのように皮膚で囲まれた定型ではなく、体の外側まで拡がっています。しかも意識によって拡大したり縮小したりします。例えば、丹田を意識して、丹田の気を拡げようと思うと、実際にお腹の前方に丹田の気が拡がって大きくなるのを感じることができます。また眼力を鋭くして前方を凝視すると、視線に沿って眼から気が伸びていきます。てのひらで視線を遮ると、てのひらも眼もその変化を感じます。武術では眼力がとても重要です。

気のからだは例えて言えば、からだを取り囲む「電波の雲」のようなものと考えることもできます。生命体にはそれぞれ、エネルギーと情報を持った電波の雲が取り巻いていると考えてみます。それを「エネルギー体」と呼んだりもします。電波ですから境界がなく原理的には無限に拡がっています。だから遠く離れた他人の気のからだを調整する、すなわち遠隔治療することができるのです。
ただし、電波の正体は、「電子」の振動が周囲の空間に拡がった物質次元の電磁波ですが、「気」は高次元の存在です。次元が高いので電波よりも遥かに精妙機微であり、空間と時間を超越します。すなわち「気」の働きは空間と時間の制約を受けないのです。

気のからだは見えませんが、いくつかの構造を持っていると考えることができます。
「経絡」は気のからだの一つの構造と見ることもできます。「経絡」は簡単に言えば生物の「気の流れ道」です。様々な経絡がありますが、内臓に関する経絡だけでも12経絡あります。
肺経、大腸経、胃経、脾経、心経、小腸経、膀胱経、腎経、心包経、三焦経、胆経、肝経の12経絡です。各経絡上にはそれぞれ複数のツボが点在します。指圧や鍼灸など東洋医学では、これらのツボを利用して経絡を調整し、気のからだを整え、肉体のからだを整えていきます。

[3-5] 呼吸法

呼吸法は、「気功」の中の重要な要素です。
無意識ではなく、しっかり「意識した呼吸」によって、体内の全ての細胞に血液が送られ、酸素と養分が十分に届けられます。そして全ての細胞が生き生きと活性化され、設計図通りの本来の機能を取り戻していきます。体内の酸素不足が解消され、生命力、免疫力が高まり、病気やガンを未然に予防します。そして元気が湧いてきます。呼吸法は実は酸素の呼吸だけでなく「気」の呼吸を行うことにより、「からだと宇宙」の交流を行っています。だからこそ様々な効果が現れるのです。

1．呼吸法の基本

（1）呼吸法には数えきれないくらい多くの種類があります。目的も方法も流派も難度も様々です。
- 健康増進のための呼吸法
- 病気を治すための呼吸法
- 願望を成就するための呼吸法
- 武術鍛錬としての呼吸法
- 修養の過程としての呼吸法
- 悟りに至る呼吸法

などなど色々あります。呼吸法は驚く程奥が深いのです。また呼吸法は、心の深い領域とも密接に関係します。次章において、病気を治すための呼吸法・願望を成就するための呼吸法の実例をご紹介いたします。（正心調息法）

（2）呼吸法を大別すると、「胸式呼吸」と「腹式呼吸」に分けることができます。

子供の頃から無意識に行っている呼吸は胸式呼吸が中心であり、肋骨を動かせる範囲内の比較的浅い小さな呼吸です。
一方、腹式呼吸では、練習によって大きくお腹を動かせるので、ゆったりとした深く大きな呼吸を行うことができます。健康増進効果がより大きいのは腹式呼吸です。

(3) 腹式呼吸の中で基本中の基本は、「順式腹式呼吸法」です。息を吸いながらお腹（丹田）を前側に膨らませ、息を吐きながらお腹を後側に引き込みます。お腹を大きく前後に動かすことにより、横隔膜が動き、内臓も一緒に動かされ刺激されるため健康がさらに増進されます。別に「逆式腹式呼吸法」もあります。
具体的な方法は、第4章でご説明いたします。

2．呼吸法の効果

「呼吸法」は想像以上に大きな効果をもたらします。健康長寿の「鍵」といっても良いと思います。単に酸素と養分を全身・全組織に廻らせるだけではありません。普段私たちが無意識に行っている呼吸は、「自律神経」によって自動的に制御されています。
一方、呼吸法による呼吸は、逆に「自律神経」を望ましい状態に調整することができます。また内臓が程よい刺激を受け、内臓自身の働きが活性化されていきます。さらに、リラックスし易くなり、心が落ち着き、心の働きを活用し易くなってきます。

以下に呼吸法の効果を整理します。

(1) 生命力、免疫力の向上
細く長く深い呼吸によって、体内の全ての細胞に血液が送られ、

酸素と養分が十分に届けられます。そして全ての細胞が活性化され、生命力、免疫力が高まり、病気やガンを未然に予防します。

（2）自律神経の調整
呼吸法によって自律神経を調整することができます。自律神経は交感神経と副交感神経とから構成されており、両者のバランスが乱れると様々な不調が生じてきます。呼吸法によって自律神経のバランスを整えることができます。このことは次項でもう少し具体的に説明します。

（3）内臓の活性化
お腹を前後に大きく動かそうとすると横隔膜が上下に動くので、横隔膜周辺の内臓も一緒に動かされ、程よい物理的な刺激を受け、内臓自身の働きが活性化されていきます。

（4）リラックスし易くなり、次第に脱力できるようになってきます。その結果、「気」がからだ中を滞りなく循環するようになっていきます。そして「気」が全身に満ち満ちていきます。

（5）呼吸法によって次第に心が落ち着いていきます。雑念を排除し易くなっていきます。そして「心」の働きを活用し易くなっていきます。ストレスが軽減され易くなります。

「心」の働きの活用については、拙書『ガンにならない歩き方』の「調心」をご参照ください。

3．呼吸法による自律神経の調整

呼吸法によって自律神経の調整ができると述べました。

（1）自律神経とは？
自律神経は、からだの活動度を自動的に調整する重要な神経系です。からだを活動的にさせる「交感神経」と、リラックスさせる「副交感神経」とから構成され、意識することなく自動的

にからだを最適な状態に維持します。

(a) 交感神経は、自動車に例えるなら、アクセルとして機能します。いざという時（例えば敵と遭遇した時など）交感神経は、心拍数を上昇させ、血圧を上げ、呼吸数を上げ、闘争準備や逃走準備を行います。
(b) 副交感神経は、ブレーキとして作用し、上記と逆の働きを行い、また消化機能や排泄機能を促進させます。

この交感神経と副交感神経の絶妙なバランスによって心身が快調に維持されますが、バランスが崩れると様々な不調が生じてきます。

(2) 自律神経の調整
(a) 交感神経を高めるためには、意識して吸気を長めに吸い、吐くときは短めに吐いて呼吸を続けます。次第に交感神経が刺激されて、アクセルの働きが優位になります。気持ちが落ち込んで元気が出ないとき、やる気が湧いてこないときなどに試します。
(b) 副交感神経を高めるためには、意識して呼気を長めに吐き、吸うときは短めに吸って呼吸を続けます。次第に副交感神経が刺激されて、ブレーキ機能が優位になります。
気持ちを落ち着けて安静を得たいときに試します。
(c) 特に問題がないときの呼吸は、吸う時間と、吐く時間をほぼ同じ長さでゆったりと気持ちよく呼吸を続けます。吸うときも、吐くときも、細く、長く、深く、均一に、吸いまた吐きます。

第4章　宇宙のしくみを活かす健康法

「気」は「根源のエネルギー」であり大宇宙の大元です。その「気」の働きを積極的に引き出すのが「気功法」です。本章では、気功法（＝気功）の具体例をご説明いたします。

気功の種類は数えきれないほど多く、簡単なものから複雑なものまで様々あります。簡単な気功であっても、その動作を文章だけでご説明するのはなかなか困難です。長大な文章になってしまうので読むだけでも疲れてしまい、実際にやってみようという意欲が薄れがちになるからです。したがって、ここでは基礎的な、超簡単な気功のみをご紹介いたします。超簡単な気功であっても継続していると必ず素晴らしい効果が現れてきます。

［4－1］呼吸法の実例

呼吸法は極めて重要です。想像する以上にその効果は大きいのです。以下にご紹介する簡単な呼吸法だけでも、継続さえ出来れば病気が半減でき、アンチエイジング効果も期待できます。細胞レベルで全身が元気になり、からだだけでなく心の働きまで活性化されていきます。

［功法1］：順式腹式呼吸法

＜順式腹式呼吸法のポイント＞

（1）鼻からゆったりと息を吸いながら、お腹（丹田）を前側に膨らませます。次に鼻からゆったりと息を吐きながら、お腹を後側に引き込みます。これを繰り返すだけです。

> 呼吸に合せてお腹を意識して前側に大きく膨らませ、意識してお腹を後側に引き込みます。
>
> （2）吸うとき、できれば「細く、長く、深く、均一に」吸います。吐くときも、できれば「細く、長く、深く、均一に」吐きます。ただし、無理せずにゆったり気持ちよく呼吸できる範囲で結構です。
>
> （3）姿勢は楽な姿勢で結構です。椅座（椅子に腰かける）が無難ですが、立位、正座、あぐら、結跏趺坐（両足を組む）でも、あるいは仰向けで寝た姿勢でも結構です。

＜留意点＞

◎大事なことは、決して無理をしないことです。ご自分のペースでゆったり気持ちよくできる範囲で続けていると、次第に腹式呼吸法に馴れてきます。そして「細く、長く、深く、均一に」呼吸できるようになっていきます。

◎吸う時間は、5〜10秒程度、吐く時間も5〜10秒程度で最初は短めから練習します。ご自分のペースで少しずつ慣れるようにしていってください。

◎心を落ち着け雑念を排除して静かに呼吸します。呼吸そのものに意識を集中するのも方法の一つです。すなわち、吐く息、吸う息に意識を集中します。

◎もし息を吐くときに、鼻から吐くのに違和感がある方は、当面口から吐いても結構です。続けていると次第に鼻から吐けるようになっていきます。

◎「順式腹式呼吸」を、できれば1日3回以上行います。はじめは1回あたり5分ほどで結構です。無理をせずに、ご自分

のペースでゆったり気持ちよく腹式呼吸をしましょう。

＜補足＞

（１）順式腹式呼吸法の「順式」ですが、息を吸うときにお腹を膨らませるのを「順式」と言い、逆に息を吸うときにお腹を引っ込めるのを「逆式」と言います。
（２）「丹田」とは、からだにいくつかある重要なエネルギーセンターの一つです。丹田の場所は、流派や指導者によって若干異なりますが、お腹側と背中側のちょうど中間あたりに位置し、ゴルフボールより少し大きめの容積を占め、エネルギー（気）が充満しているエネルギーセンターであると考えられています。お臍の下（およそ横指４本分下）の奥にあるとする説が比較的多いようです。続けていると、実際に丹田のエネルギーを感じられるようになっていきます。
（３）できれば舌先を上の歯の根元か歯茎に軽く触れるようにします。エネルギー（気）の流れが更に良くなります。からだの背中側とお腹側を縦に循環する気の流れが良くなるからです。

[功法２]：逆式腹式呼吸法

＜逆式腹式呼吸法のポイント＞

（１）鼻からゆったりと息を吸いながら、肛門を締めて真上に引き上げます。同時に、お腹（丹田）を後側に引き込みます。

（2）鼻からゆったりと息を吐きながら、肛門とお腹（丹田）と腰全体を緩めて脱力します。

（3）姿勢は楽な姿勢で結構です。椅座（椅子に腰かける）が無難ですが、正座、あぐら、結跏趺坐（両足を組む）でも結構です。

<留意点>

◎肛門を締めて真上に引き上げ、お腹（丹田）を後側に引き込む時は、軽く力を入れます。強さは、弱からず、強からず、適度な力を入れます。
◎吸う時間は、5～10秒程度、吐く時間も5～10秒程度で最初は短めから練習します。出来れば、1回5分程度を1日3回繰り返します。ただし、無理をしないように、ご自分のペースで少しずつ慣れるようにしていってください。
◎雑念を排除して、意識を、肛門周辺とお腹（丹田）だけに集中します。

<補足>

（1）「逆式腹式呼吸法」にも沢山の方法、流派があります。上記でご説明した逆式腹式呼吸法はその一例であり、「骨盤底筋」を鍛える効果があります。特に女性の皆様には大事な呼吸法と思います。いわゆる「締り」が良くなり、尿漏れなどを予防することができます。姿勢は、座っていても、立っていてもできます。電車の中でもどこでもできます。
（2）慣れてきたら、次のバリエーションも試してみては如何でしょうか。

息を吸いながら、肛門ではなく少し前方の尿道口あたりを締めて引き上げるようにしてみます。そして、呼吸ごとに肛門と尿道口を交互に引き上げるようにしてみます。

（3）お腹（丹田）を後側に引き込むのを一時的にやめて、肛門と尿道口を吸気とともに交互に引き上げることに専念します。括約筋の強化が促進されます。

（4）逆式腹式呼吸法の一例をご紹介しましたが、できれば順式腹式呼吸法もしっかり行ってください。呼吸法の基本は順式腹式呼吸法だからです。

［功法3］：正心調息法

「正心調息法」は、塩谷信男医学博士（1902～2008年）がご自身の体験を基にして創始された健康増進を主目的とする呼吸法です。病気治癒・願望成就も可能です。博士は106歳まで長生きされ、ゴルフのエージシュートを2回達成されています。91歳のときにこの素晴らしい健康法を自分だけで独占するのは勿体ない、万人に公開しようと決意。以後、博士による書籍執筆や講演会活動などによって「正心調息法」が急速に広まりました。

そのステップの中に想念（言葉の力）・内観（イメージの力）が組み込まれており、病気治癒、願望実現の効果が期待できます。

なお、「正心」とは下記の3項目を絶えず維持することです。
◎物事をすべて前向きに考える
◎感謝の心を忘れない
◎愚痴をこぼさない

<正心調息法のポイント>

下記の（1）息法と、（2）想念 を25サイクル繰り返し、最後に（3）静息 において「大断言」を10回強く念じて終わります。

（1）息法：下記の「吸息・充息・吐息・小息」を25サイクル繰り返します。
　A．吸息：鼻から息を吸う。吸った息を丹田に押し込むイメージ。
　B．充息：息を止める。吸った息を更に丹田に押し込む。肛門を軽く締める。
　C．吐息：息を吐く。息を静かに長めに吐く。丹田・肛門・全身を緩める。
　D．小息：間合いをとる。普通の呼吸を1～3回して息を整える。

（2）想念：息法に合わせて下記の文言を念じる。（黙念する）
　A．吸息：「宇宙の無限の力が丹田に収められた。そして全身に満ち渡った」
　B．充息：「全身が全く健康になった。〇〇病が治った」
　C．吐息：「体内の不要なものが全部吐き出された。全身がきれいになった。芯から若返った」
　D．小息：文言不要。呼吸を整えて次の吸息に備える。

（3）静息：丹田に軽く力をこめたまま、次の「大断言」を10回ゆっくり強く念じる、または発声する。

[功法3]：正心調息法

ステップ	息法	ポイント	想念（文字・言葉の力を使う）	内観（想像力・イメージ力を使う）
1 吸息（きゅうそく）息を吸う（鼻）	25回サイクル	・丹田に押し込むつもりで、鼻から静かに空気を吸い込む	「宇宙の無限の力が丹田に収められた。そして全身に満ち渡った」	宇宙無限の力が体に満ち渡っていく様子を、イメージする
2 充息（じゅうそく）息を止める（数秒～10秒）		・丹田にさらに空気を押し込む・肛門を締める 調息法で力を入れる必要があるのはこの時のみ	「全身が全く健康になった。○○病が治った」（想念ごとに上記○○を入れ替える） 一つの想念に対し最少1回行う	自らの「想い」が叶った様子を、イメージする
3 吐息（とそく）息を吐く（鼻）		・息を静かに吐き出す・丹田の力、及び肛門を緩める・吸息の倍位の時間をかけて、ゆっくりと	「体内の不要なものが全部吐き出された。全身がきれいになった。芯から若返った」	体内が全くきれいになった様子を、イメージする
4 小息（しょうそく）間合いを取る		普通の呼吸を1～3回して、息を整える。次の深い呼吸に備える。		
5 静息（せいそく）		軽く丹田に力を込めたまま、大断言を10回強く念じる（または唱える）	天地人、そして宇宙全体が平和に満ちている様を思い浮かべる	

大断言

宇宙の無限の力が凝り凝って
誠の大和のみ世が生り成った

大断言は「言霊」なので、
一言一句間違えないように念じる（または唱える）

> 「大断言」＝「宇宙の、無限の力が、凝り凝って、真の、大和の、み世が生り成った」
> （うちゅうの、むげんのちからが、こりこって、まことの、だいわの、みよがなりなった）

<留意点>

◎「宇宙の無限の力」とは、「根源のエネルギー」すなわち「気」のことです。
◎姿勢は椅座（椅子に腰かける）、正座、あぐら、結跏趺坐（両足を組む）何でも結構です。
◎背筋を気持ちよく伸ばし、顎を軽く引き、眼を閉じます。
◎両手をお腹の前にもっていき「鈴の印」を組みます。両肘は直角に曲げ、両肘が軽く脇腹につくようにします。鈴の印は両手でおにぎりを軽く握るときの手の形です。左右の親指以外の４本の指をつけたまま、両手を近づけて空気のおにぎりを囲い込むようにしながら両手を球形に合せます。ただし左右の親指がクロスする部分だけ小さな穴（直径１〜２cm）を開け、他の部分は閉じます。
◎「大断言」＝「宇宙の、無限の力が、凝り凝って、真の、大和の、み世が生り成った」は「真言」です。「真言」とは、「気の海」に働きかける言葉であり呪文です。１字１句間違えないように、ゆっくりと、はっきりと念じる、または発声します。
◎継続がとても大事です。毎日１セット、できれば時間をおいて合計２〜３セット行います。

<練習法>

(1) 最初は息法だけを練習します。
　A．吸息：6秒以上。
　B．充息：6秒以上。
　C．吐息：8秒以上。
　D．小息：間合いをとる。息が整うまで普通の呼吸を続ける。

(2) 次に想念の文言を丸暗記します。

(3) 息法と想念を組み合わせて練習します。
すなわち、6秒間以上かけて吸息しながら「宇宙の無限の力が丹田に収められた。そして全身に満ち渡った」と黙って念じます。
次に、6秒間以上かけて充息しながら「全身が全く健康になった。○○病が治った。」と
黙って念じます。
このとき病気治癒ではなく、願望実現を望む場合は、「○○病が治った」の代わりに「○○がかなった」と願望を黙って強く念じます。
次に、8秒間以上かけて吐息しながら、「体内の不要なものが全部吐き出された。全身がきれいになった。芯から若返った」と黙って念じます。

(4) 息法と想念を25サイクル繰り返します。
10サイクル以上続けたら、「○○病が治った」を別の「○○病が治った」に、または「○○がかなった」に入れ替えても結構です。

(5) 息法と想念を行うときに、言葉の表す情景をありありと想い描きます。例えば、B．の充息では、「全身が全く健康になった。○○病が治った」と黙念しながら、実際に病気が治って小

[功法3]：正心調息法　鈴の印

椅座の姿勢

鈴の印

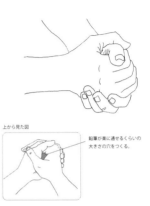

上から見た図

鉛筆が楽に通せるくらいの大きさの穴をつくる。

[功法4]：振動功

からだ全体をリズミカルに上下に揺する

第4章　宇宙のしくみを活かす健康法

躍りして喜んでいる様子をリアルにイメージします。継続するエネルギーの働きによって、次第にイメージした通りに事体が進んでいくからです。

[4-2] 簡単気功法

[功法4]：振動功

「振動功」は、身体の力を抜き、リラックスする効果の高い超簡単気功法です。継続すれば、次第にからだの力が抜けて、コリや歪みが軽減されていきます。また循環機能・骨密度・免疫力などの増加も期待できます。武術の鍛錬にも有効です。

＜振動功のポイント＞

（1）両足を肩幅より少しだけ狭くして立ち、足先を真前に向けて両足を平行にします。

（2）全身を脱力させ、股関節と膝を柔らかく緩めて、からだ全体を2～4cm程度上下にリズミカルに揺すります。時々、背骨を意識して、背骨を上下にリズミカルに揺すります。

（3）揺するスピードは1分間に110回～140回程度が一般的ですが、いろいろ変化させてみて気持ちの良いスピードでゆったり揺すります。

（4）揺する時間は、出来れば5分、最初は疲れない範囲で3分程度でも結構です。少しずつ長くしていきます。後述のバリエーションを加えると5分以上できるようになります。

（5）1日3回程度続けていると、からだの固い部分が次第にほぐれてきて、少しずつですがからだのコリや歪みが小さくなっていきます。

＜振動功のバリエーション＞

（1）揺すりながら、からだの上部から順番に力を抜いていくイメージを続けます。からだを上下に揺すりながら順番に、頭から、両肩から、胸から、お腹から、背中から、腰から、お尻から力を抜いて、力を足裏に落とし込んでいくイメージを続けます。実際に力が抜けてくると、足裏でからだが重くなったように感じられてきます。
（2）重心を左足に移して、背骨を意識して背骨を2～4cm程度上下にリズミカルに揺すります。数分揺すったら重心を右足に移して、背骨を意識して背骨を2～4cm程度上下にリズミカルに揺すります。
（3）重心を真中に戻し、両肩を意識して、両肩全体を大きく5～8cm程度上下にリズミカルに揺すりながら、肩を緩めほぐしていくイメージを思い続けます。
（4）次に胸を意識して、胸全体を大きく5～8cm程度上下にリズミカルに揺すりながら、胸の内側を緩めほぐしていくイメージを思い続けます。また、内臓を意識して、主な内臓を緩めほぐしていくイメージを思い続けます。

<補足>

(1) リラックスして、力を抜きながら、リズミカルにからだを上下に揺すりましょう。当然ながら、力を入れてこわ張った状態で揺するのではありません！
「振動功」を継続しているとこわ張りが次第に取れて、コリや歪みが軽減されていきます。ただし、1度や2度やっただけでは取れません。継続することで少しずつ軽減されていくものです。
(2) 揺するだけで何故コリや歪みが取れるの？　と不思議に思われるかも知れません。
器に豆や塩などを入れて表面が凸凹している状態を想像してみてください。器の縁をトントンと軽く叩いていると、次第に凸凹が小さくなって表面が平らになっていきますね。それと同じ原理です。
(3) からだ全体を上下にリズミカルに揺することにより、頭部が揺れ、内耳の中にある「耳石」も揺れます。後にご説明する「ＮＡＳＡ健康法」と同様またはそれ以上の効果が期待できます。

[功法5]：両手前後振り＋イメージトレーニング

「両手前後振り＋イメージトレーニング」もからだの力を抜き、リラックスさせるのに効果のある超簡単気功です。合気道や太極拳など「気の武術」の準備気功としても重宝されています。

＜両手前後振りのポイント＞

「基本動作」

（1）両足を肩幅より少しだけ狭くして立ち、足先を前方に向け平行にします。
（2）身心をリラックスさせながら、両手を左右一緒に自然に前後に振ります。
（3）両手の指先を伸ばし気味にし、てのひら同士を向かい合わせ、左右一緒に自然に前後に振ります。そして10本の指先を意識します。

「基本動作＋イメージトレーニング」
基本動作を維持しながら、下記のイメージトレーニングを続けます。

（1）頭から力を抜いて、力を大地に流し落としていきます。頭が空っぽ。
（2）首から力を抜いて、大地に流し落としていきます。首が空っぽ。
（3）両肩から力を抜いて、大地に流し落としていきます。
（4）胸から力を抜いて、大地に流し落としていきます。
（5）鳩尾（みぞおち）から力を抜いて、大地に流し落としていきます。
（6）お腹から力を抜いて、大地に流し落としていきます。
（7）背中から力を抜いて、力を大地に流し落としていきます。
（8）腰と股関節から力を抜いて、大地に流し落としていきます。
（9）お尻から力を抜いて、大地に流し落としていきます。

<留意点>

(1) 両手を自然に前後に振りながら、頭の上から順番に力を抜いていき、最終的には腰と股関節を緩めながら、お尻からも力を抜きます。腰の周囲には沢山の筋肉が層をなして骨盤を取り囲んでいます。それらの筋肉群を極力脱力させることが重要です。
(2) 力を抜くことは意外と難しいものですが、継続して練習していると次第に力が抜けてくるようになります。うまく力が抜けてくると、両足裏にからだの重みがズシーっとかかってきます。
(3) 両手を自然に振る動作は、中国語で「スワイショウ」と呼ばれています。武術の鍛錬法として使われています。そのスワイショウにイメージトレーニングを重ねています。両手の前後の振れ幅は自然で結構ですが、あまり大きく振り過ぎないようにします。
(4) 力を抜くイメージの仕方はお好きな方法で結構です。例えば、頭から力を抜くイメージの場合は、頭の中味が上から下へどんどん流れ落ちていくイメージでもよいですし、頭の中に満たされていた水が大地に流し落とされて水面が下がっていくイメージでも、あるいは光が満ちていく様子をイメージする方法でも結構です。
(5) 時間は5分。できれば10分以上続けます。
継続していると次第にてのひらで「気」を感じるようになってきます。「気」の循環が高まるからです。

<補足> 立ち方のポイント

気功の立ち方は、とても奥が深いです。力を抜いて立つこ

とが基本ですが、練習を続けていると、立っているだけで全身に気を拡げることができるようになります。
そのポイントです。

（1）先ず、両足を肩幅より少しだけ狭くして立ち、足先を前方に向け平行にします。

（2）腰と両股関節を緩め、両膝もわずかに緩めます。次に両股関節を後方へ2cmほど引き込み、お尻全体を緩めて、お尻を後ろ側から2〜3cmほど下へ沈めます。椅子に腰掛け始めたときの姿勢です。
膝を曲げてお尻を下げるのではありません。腰、股関節、お尻から力を抜くことでお尻が沈み、結果的に膝が少し緩むだけです。

（3）上記がうまくできると、両足裏にからだの重みがズシーっと降りてきます。力が抜ければ抜けるほど足裏で重みをしっかり感じられるようになっていきます。からだの重みを感じることはとても重要です。
そうなってきたら両足裏がどんどん柔らかくなっていくイメージを続けます。続けていると実際に足裏が少しずつ柔らかくなって、足裏全体でからだの重みを均等に支えられるようになってきます。10本の足指もしっかり床に着くようになってきます。

（4）柔らかい両足裏で床をわずかに下方へ押し下げる意識を持ちます。
続けていると次第に、足裏から垂直上向きに働く作用を感じて背骨が上に伸びたくなるような感覚が生じてきます。
足裏から全身に気が拡がっていきます。

[功法５]：両手前後振り＋イメージトレーニング

両手を自然に前後に振る

[功法６]：叩動功

1.左右てのひらの最下部を叩く

[功法6]：叩動功

「叩動功」はとても簡単ですが、気功効果が高く、また「気感」を得られ易い気功です。立位で両手の様々な部分をリズミカルに叩きます。手の経絡が刺激され全身の気の流れが良くなります。「叩動功」は名古屋の林 茂美先生が千葉市の竹内蓮心先生に伝授され、竹内先生から私に伝授されました。

＜叩動功のポイント＞

「共通動作」

○足幅を肩幅より少し狭くして立つ。（足先は真前に向ける）
○リラックス・脱力して両手を胸の前でリズミカルに叩く。
○呼吸はリズムに合わせて2回鼻で吸い、2回鼻で吐く。（ただし無理しないこと）
○叩くスピードは同じスピードで。
　1秒間に1.2回〜1.4回程度。
○手を叩くリズムに合わせて股関節と膝を緩めて腰をわずかに上下させる。
○時間は全体で10分程度。

「動作手順」

1．左右のてのひらの最下部を叩く
左右のてのひらを縦にして胸の前で向かい合わせる。

左右のてのひらの最下部（手根部＝手首に接する部分）同士をリズミカルに軽く叩く。
ただし、左右のてのひら上部や指の部分は触れないよう離す。叩いた時Ｖの字に。
回数は16回以上。

２．てのひらの真中を叩く
てのひらの真中（労宮というツボがあります）を他方の手の拳でリズミカルに叩く。
（１）左てのひらの真中を右手の拳で軽く叩く──16回以上
（２）右てのひらの真中を左手の拳で軽く叩く──16回以上
（３）２回に１回左右を入れ替える──16回以上

３．拳同士を叩く
両手を軽く握り、左右の親指側同士をリズミカルに叩いたり、子指側同士を叩く。
（１）手の甲を上にして親指側同士を叩く──16回以上
（２）手の甲を下にして子指側同士を叩く──16回以上
（３）２回に１回入れ替える──16回以上

４．手の甲を叩く
手の甲同士を軽くリズミカルに叩く。（両手を上下に動かす）
（１）左手の甲の真中を右手の甲で軽く叩く──16回以上
（２）右手の甲の真中を左手の甲で軽く叩く──16回以上
（３）２回に１回左右を入れ替える──16回以上

５．親指と人差指の間を叩く

[功法6]：叩動功

2. てのひらの真中を叩く

3. 拳同士を叩く

[功法6]：叩動功

4. 手の甲を叩く

5. 親指と人差指の間を叩く

[功法6]：叩動功

6. 5本の指の股同士を叩く

8. てのひら同士をゆっくり向かい合わせる　9. 気で頭部をマッサージする

親指と人差指の間の股同士を軽く叩いて刺激する。
（1） 左手の親指と人差指の間に右手の親指と人差指の股を入れて軽く叩く──16回以上
（2） 右手の親指と人差指の間に左手の親指と人差指の股を入れて軽く叩く──16回以上
（3） 2回に1回左右を入れ替える──16回以上

6．5本の指の股同士を叩く
左右の指を開いて、5本の指の股同士を軽く叩く。（他の動作より少し長めにじっくりと）
（1） 5本の指の股同士を軽く叩く。（右手親指が上になるように連続して）──16回以上
（2） 5本の指の股同士を軽く叩く。（左手親指が上になるように連続して）──16回以上
（3） 2回に1回入れ替える──16回以上

7．手首を振る
脱力して肩の高さで手首を柔らかく振る。
（1） 上下に振る──8回以上
（2） 水平に振る──8回以上
（3） 斜めに振る（ハの字）──8回以上
（4） 逆斜めに振る（逆ハの字）──8回以上
（5） 上下に振る──8回上下に振ったら徐々に振れ幅を小さくする。

8．てのひら同士をゆっくり向かい合わせる
てのひらで気を感じ、味わう。
（1） てのひら同士をゆっくり向かい合わせて手の平に意識を集中。
（2） てのひらをゆっくり小さく様々に動かして気感を楽

しむ。

9．気で頭部をマッサージする
気のボールをイメージしてゆっくり動かし、頭部の気を整える。
（1）両てのひらの間に気のボール（直径20cm程度）をありありとイメージする。
（2）気のボールを縦に割って２つの気のボールに分ける。
（3）２つの気のボールを各々左右のてのひらに乗せて目に近づけ頭の内部に浸透させる。
（4）両てのひらと２つの気のボールを左右・上下・前後にゆっくり動かし、２つの気のボールで頭の内部をマッサージする。
（5）両てのひらの気のボールを目の周りでゆっくり左回転、次に右回転させる。
（6）顔を洗うよう手を下から上にゆっくり動かし、気のボールで顔の気を整える。

10．両手を軽く擦り合わせてから、気になるからだの部分にてのひらをやさしく当てる
気をてのひらからからだの内側に浸透させる。

[功法7]：香功抜粋

「香功抜粋」は、「香功(シャンゴン)」の中から重要部分を抜粋した短縮版です。「香功」は中国禅宗に伝わってきた秘密気功と言われてきましたが、田瑞生老師によって1988年一般公開されました。簡単で覚え易く健康効果が大きいことから急速に広まり、実践

愛好者1000万人と言われています。

＜香功抜粋のポイント＞

「共通動作」

○足幅を肩幅より少し狭くして立つ。（足先は真前に向ける）
○心身ともにリラックス・脱力して両前腕を軽やかに動かす。
○呼吸は自然呼吸。（ゆったりと鼻から吸い鼻から吐く）
○赤児のように純粋無垢な穏やかな心を維持する。
○微笑みを浮かべてニッコリと。

「動作手順」

１．両手開合
両てのひらを向かい合わせてお腹の前に。
左右の肘から先を、水平に開いたり閉じたり開閉する。10回。スピードは10往復で15秒程度。以下の動作も同じスピードで行う。
てのひらに意識を集中しながら前腕だけを水平に動かす。

２．富士山のシルエット
両てのひらで富士山のシルエットを上から下へ撫でるようにカーブを描く。手の位置は、上は首の高さ、下に降ろした時、丹田の高さに。
漢字の「八」の字のように滑らかなカーブを描く。描いたら首の高さに戻して繰り返す。

下では両手をあまり広げ過ぎない。両肘を伸ばし切らない。

3．ピアノ弾き
両てのひらを下向きにして、前腕を外45度に開き、次に内45度に閉じ、繰り返す。ピアノを弾くような感じで、前腕を水平に開閉する。左右の肘の位置はほぼ固定し、あまり動かさない。10本の指を伸びやかに伸ばし、てのひらに意識を集中しながら、水平にゆったりと動かす。

4．逆ピアノ弾き
両てのひらを上向きにして、前腕を外45度に開き、次に内45度に閉じ、繰り返す。左右の肘の位置はほぼ固定し、あまり動かさない。10本の指を伸びやかに伸ばし、てのひらに意識を集中しながら、水平にゆったりと動かす。

5．うちわを揺らす
両てのひらを縦にして約20ｃｍ離して向かい合わせる。20ｃｍの距離を保ったままお腹の前で左右に約45度ずつ振る。左右の肘の位置はほぼ固定し、あまり動かさない。2枚の団扇を左右一緒にゆっくり扇ぐ感じ。てのひらに意識を集中する。

6．天地左転
両てのひらを縦にして約20ｃｍ離して向かい合わせたまま、鳩尾を中心にして前腕をゆっくり左回転させる。回転の範囲は、上は首、下は丹田の範囲に留める。真円よりも少し横長の楕円を描く。

7．天地右転
逆回転。両てのひらを縦にして約20ｃｍ離して向かい合

わせたまま、鳩尾(みぞおち)を中心にして前腕をゆっくり右回転させる。

8．両耳に気を流す
両てのひらを縦にして上下に動かす。
左右のてのひらを同時に、下は丹田の高さ、上は両耳の高さの範囲で弧を描いて往復させる。肘の位置はほぼ固定し、縦に弧を描くように前腕を上下に動かす。

9．両目に気を流す
両手の人差し指から小指までをくっつけて軽く曲げ、離した親指と"C"の字（左手の場合。右手では逆C）を作る。縦に弧を描くように両手の2つの"C"を上下に往復させる。下は丹田、上は両目の前。両手の2つの"C"を丹田の前から弧を描いて上にあげ、目の前3cmに近づけ、そして下ろす。

10．交差振り子（気の発電）
両腕・両手を脱力してからだの前で振り子のように自然に左右に揺らす。
左右の手の甲を前方に向け、腕が外側に開いたり、内側に閉じて軽くクロスするようにゆったり揺らす。腕・手は肩を支点として、振り子のように自然に左右に揺れるような感じ。閉じるときは、お腹の下で両手を交差させる。開くときは、両腕をあまり広げ過ぎない。両肘を伸ばし切らない。
てのひらと丹田を両方意識しながら両腕を揺らす。

<留意点>

（1）各動作の回数は36回が基本となっています。ただし1項の両手開合だけは10回（約15秒）です。回数は状況に応じて増減して結構です。
（2）両手を動かすスピードはいつも一定にします。できれば1項の両手開合のスピードを維持します。
（3）各動作において、てのひらに意識を集中します。意識をてのひらに集中するほど、気感を感じ易くなります。
（4）各動作によって両手の動かし方は様々ですが、1〜7項の動作では基本的に前腕部分を動かし、肘の位置はほぼ定位置をキープします。肘自身は大きくは動かさないようにします。

<補足>香功抜粋の気感

継続していると次第に気感、気の感覚を感じられるようになっていきます。気感は個人によって相違が大きいのですが、てのひらで感じる方が多いかと思います。なお、各動作によって気の感じ方が微妙に異なります。

○1〜7項まではてのひらに意識を集中すればするほど、気感を感じ易くなります。
○8項では、両手で丹田の気を耳の真横まで引き上げる都度、左右の耳の間に自動的に気が流れ、頭部を気が貫通する様子をイメージしながら行います。次第に気感を感じられるようになります。
○9項では、両手で丹田の気を両目の前まで引き上げる都度、丹田の気が両目に流入して目を潤し、さらに頭部全体に気が拡がる様子をイメージしながら行います。次第

[功法7]：香功抜粋

1. 両手開合

2. 富士山のシルエット

[功法7]：香功抜粋

3. ピアノ弾き

4. 逆ピアノ弾き

第4章　宇宙のしくみを活かす健康法

[功法7]：香功抜粋

5. うちわを揺らす

6. 天地左転

7. 天地右転

[功法7]：香功抜粋

8. 両耳に気を流す

9. 両目に気を流す

[功法7]：香功抜粋

10.交差振り子（気の発電）

[功法8]：ガンを予防する歩く気功

[ポイント2]

に気感を感じられるようになります。
○ 10項では、丹田の気を意識し、さらに左右のてのひらの気を強く意識することにより、お腹の前で「気が渦巻く」、「気が発電」される感覚が生じるようになっていきます。

[4-3] 歩く気功法

[功法8]：ガンを予防する歩く気功

「ガンを予防する歩く気功」は、普段私がウォーキングするときの歩き方です。何故、歩く気功でガンを予防できるのかについては随時ご説明していきます。

[基本]

先ず、基本中の基本は「普通に自然に歩く」ことです。
すなわち、リラックスして、脱力して、自然に歩きます。
これが基本です。それにいくつかの「ポイント」を加えながら歩きます。

[ポイント1]

歩く際に、脱力しながら足裏に意識を向け、足裏を柔らかくして、足裏で地面を感じながら歩きます。

［ポイント１］の補足

（１）普通に歩くのですから、前に出した足はかかとから着地して、徐々に足裏全体が地面に着くようになります。重心が足裏に乗ったら反対側の足が前に出て、重心がその足に移るのにつれて元の足のかかとが徐々に地面から離れ、最後は５本の足指だけが地面に強く接触したのち、ついに足指も地面から離れて、足全体が前方へ運ばれます。
重心が足裏に乗る時、そして離れる時に、足裏に意識を向け、足裏を柔らかくして、足裏で地面を感じながら歩きます。

（２）［ポイント１］が上手にできるようになると、からだの重みが足裏全体にしっかり乗って、柔らかい足裏が地面に拡がっていく感じがしてきます。そして、足裏で地面の微妙な凸凹や触感などを感じられるようになってきます。さらに馴れてくると、足裏全体を通して、からだと地球がしっかりつながっている感覚が生じるようになってきます。

（３）そして後足が地面から離れる直前は、５本の足指がしっかり地面とつながって、５本の足指が地面から快い刺激を感じるようになってきます。

（４）［ポイント１］は一見簡単そうに思えますが、馴れるのに少し時間がかかるかも知れません。個人差も大きいと思います。でも根気よく、足裏に意識を向け、足裏を柔らかくして、足裏で地面を感じながら歩いていると、少しずつ足裏の感覚を実感できるようになります。

［ポイント１］の効果

（1）足裏全体にからだの重みがしっかり乗って、足裏が地面に拡がっていく感じがしている時は、気の流れがとても良くなっています。足裏が柔らかい状態（足裏が脱力できている状態）では、足裏を通してからだの気（エネルギー体）と、地球の気が足裏を通して自由に往来し易くなります。その結果、1歩1歩、歩くごとに気の循環が良くなっていきます。
ただしこの感覚は直ぐには実感できないかも知れません。しかし、実感できる、できないに関わらず気の流れはとても良くなります。

（2）5本の足指には6本の「経絡」（気の流れ道）が接続されています。脾経・肝経・胃経・腎経・胆経・膀胱経です。足の親指には2本の経絡（脾経・肝経）がつながっています。1歩1歩、柔らかく歩くごとに、これらの経絡が刺激され、またそれぞれが接続している内臓が刺激されてその機能が活性化されていきます。

（3）からだ全体が「気」のレベルで地球に「アース」されて安定化します。
電気製品ではよくアース線を接続して、電気回路の基準電位を地球の電位に合わせます。アースしないでいると、電気回路の基準電位が次第に地球の電位とかけ離れてしまい、動作が不安定になったり、誤動作したり、人身事故を引き起こすことさえもあります。足裏を柔らかくすることによって、気のレベルでからだをアースして生命活動を安定化させる働きが生まれます。

> [ポイント2]
>
> 普通に歩いていると自然に手が前後に振れていきますが、手を振る方向を前後ではなく、斜め内側45度に、交互に振りながら歩きます。この時、左右のてのひらに意識を向けながら歩きます。

[ポイント2] の補足

手を振る方向を、斜め内側45度に左右交互に振りながら歩くだけですから簡単ですね。少し補足します。

(1) てのひらの真中に「労宮（ろうきゅう）」というツボがあります。また、おへその少し下の奥に「丹田」という大事なエネルギーセンターがあります。「労宮」も「丹田」も重要なツボです。ツボからは気が活発に出入りしています。

(2) 前の手が45度の角度で内側にきたとき、「労宮」がからだの正中線までくるようにしっかり手を内側45度に振ります。すなわち「労宮」がきちんと「丹田」の前までくるように振ります。このことは極めて大事です。

[ポイント2] の効果

(1) 上記の歩き方を永く続けていると「気」の感覚を感じられるようになってきます。感じ方は個人によって様々ですが、てのひらで気を感じる方が多いようです。そして、「丹田」の気と「労宮」の気が相互に干渉し合って、手を振るごとにお腹

の前で気が渦巻いて、あたかも気が「発電」されている感じがしてきます。

（2）［ポイント2］は、ガンを予防する上で極めて重要です。1歩1歩、歩くたびにお腹の前で気が渦巻き、気の流れが活発になっていくわけですから、立派な「気功」になります。気が発電されて、「気のからだ」が気で満たされ、エネルギー体が整ってくることにより、生命力が活性化されます。そして、ガンを予防するために本来備わっている防御機能がしっかりと動作するようになります。そしてガンは、大きくなる前に消滅していきます。

（3）以前、学校で発電機の原理を学んだことと思います。磁界の中を導体が動くと、フレミングの右手の法則に則って、導体に電流が流れます。丹田から前方に出ている気の流れの中を、手という気の導体が横切って動くと、気が発電されます。そして労宮から出る気の流れが加わって丹田の前に複雑な気の流れ（渦）が発生し、気が「発電」されます。「気」は、次元は異なりますが電気・磁気と相似しているところがあります。

「ガンを予防する歩く気功」の［ポイント1］と［ポイント2］を試して頂だけましたでしょうか？　気功は理解しているだけでは役に立ちません。実際にやってみて初めて効果が得られてきます。気功においては、実践と継続が最重要です。

> ［ポイント３］
>
> 歩くのに合わせて、２回鼻から息を吸って、１回鼻から吐きます。
> ２回吸う時間と１回吐く時間は同じにします。

［ポイント３］の補足

（１）普通に歩きながら、１歩目で吸い、２歩目でも吸い、３歩目と４歩目の間中、吐き続けます。４拍子の音楽でいうと、４分音符（吸う）、４分音符（吸う）、２分音符（２倍の長さで吐く）のリズムです。「風呼吸」と呼ばれています。

（２）先ず上記で歩いて、風呼吸に馴れる必要があります。「吸う－吐く」を１呼吸とすると、上記の歩き方は、１呼吸で４歩の風呼吸になります。これが風呼吸の基本です。

（３）上記に馴れてきたら次に、１呼吸で８歩の風呼吸を練習してみます。すなわち、１歩目と２歩目の間中吸い、３歩目と４歩目の間中でも吸い、５歩目から８歩目の間でゆったりと吐き続けます。

（４）どちらでも結構ですが、ゆっくり歩く場合は１呼吸４歩の風呼吸、早足で歩く場合は１呼吸８歩の風呼吸が歩き易いと思います。

［ポイント３］の留意点

(1) 呼吸は決して無理をせず、気持ちよく呼吸することを心掛けます。少し息苦しさを感じてきたら直ぐに自然呼吸に戻して、余裕がでてきたら再び風呼吸を続けます。このことは極めて重要です。
(2) 歩く気功をやっている間中、必ずしもずーっと風呼吸をする必要はありません。例えば30分歩く場合なら、半分の15分だけ風呼吸をする程度でも結構です。
(3) 呼吸は鼻から吸って、鼻から吐くのが原則ですが、鼻から吐くのがやり辛い場合は、当面は口から吐いても結構です。呼吸は無理をしないのが大原則だからです。

［ポイント３］の効果

(1) ガン細胞を弱らせる効果があります。
細胞には、好気性細胞と嫌気性細胞があります。酸素が好きな細胞と、嫌いな細胞です。ガン細胞は嫌気性細胞であり酸素に弱いのです。
［ポイント３］で、吸って、吸って、吐いて〜と、吸う回数を２回にして吸気を強調しているのは、少しずつでも酸素を多く取り込んで、ガン細胞を弱らせようという目的があるからです。風呼吸の一つの目的は、ガン細胞を弱らせることです。

(2) 積極的な呼吸により、全身の細胞に酸素を供給して正常細胞を活性化していきます。全身の循環が高まり免疫機能も活性化されていきます。

> [ポイント4]
>
> 歩くとき、一瞬でよいから膝をちょっとだけ伸ばして歩きます。

後ろ足のかかとが上がって、後ろ足が地面から離れる直前に、ちょっとだけ後ろ足全体を伸ばし気味にしてから地面を蹴ります。そして前足が地面に着地する直前に、前膝をちょっとだけ伸ばし気味にしてから、かかとから着地します。
後足も前足も、しっかりピーンと伸ばす必要はありません。伸ばす意識があれば大丈夫です。できるだけ全身の力を抜いて、特に腰回りの力を抜いて歩きます。

［ポイント4］の効果

（1）結果として、歩幅が少しだけ大きくなり、歩行速度も多少速くなります。単位時間あたりの酸素やエネルギーの消費量が少し増加します。

（2）骨盤がより多く動くことになり、血液循環が良くなり、筋肉が少しずつ解れてきます。
腰周りと下肢には、脊椎－骨盤－大腿骨などを結び付ける沢山の筋肉群が何重にも重なって骨を取り巻いています。それらの筋肉がより沢山動くことで、全身の血液循環が良くなり、仮に硬直した筋肉があっても次第に解れていきます。全身の血液循環が良くなると、腰痛予防、病気予防、ガン予防にも繋がります。

ウォーキングをされる方は、同じように歩かれている方も多いと思います。ただし、ここでは歩行速度を速くするのが目的ではありません。結果的に多少速くなってしまうだけです。あくまでも「歩く気功」としての歩行法の一環です。

<補足> 郭林新気功

気功には何千もの方法・スタイル・流派があると述べてきました。病気を予防したり病気を治す気功もいろいろあります。しかし、ガンは強力なため「ガンを治す」気功は、極めて少数です。「ガンを治す」気功の中で、有名かつ実践者が多いのが「郭林新気功」です。

「郭林新気功」は、中国の郭林女史が自らの末期ガンを克服するために10年の歳月を費やして開発した「ガンを治す」ための新しい気功です。1971年から北京の公園で教え始め、今では150万人以上が郭林新気功を実践していると言われています。別名「歩く気功」と呼ばれ、伝統的な気功に現代科学的な視点からの改良を加えているので「新気功」の名が付いています。末期ガン患者でも郭林新気功によって延命し、文字通り第2の人生を楽しんでいる方々が多くいます。

日本では、東京の萬田靖武氏夫妻が「郭林新気功協会」を設立し、30年間コツコツと郭林新気功の指導と普及に尽力されてきました。東銀座と早稲田大学構内で定例会が行われています。私も20年ほど前に郭林新気功協会に所属していました。

郭林新気功の中には沢山の種類の気功がありますが、その中で中心的な位置を占めるのが、「風呼吸自然行功」です。すなわち、風呼吸をしながら歩く気功です。ただし、体力

が落ちたガン患者でも続けられるようにゆっくりと歩きます。

郭林新気功は、ガン患者がガンを「治す」ことを主目的にした気功であり、ガンではない健常者が行う場合は、少々やりにくい点があります。そこで、私自身が歩くときは、「風呼吸自然行功」の中でも特に重要な２つのポイントを健常者向きにアレンジし、更に別のポイントを３つ付加して、ガンを「予防」する気功と位置づけて歩いています。
合計５つのポイントの内の２つ（[ポイント２]と[ポイント３]）は、「風呼吸自然行功」の中の重要点を健常者向きにアレンジしたものです。また、[ポイント１]、[ポイント４]、[ポイント５]（この本では紙数の制約で説明省略）は私が付加したものです。現在私が歩くときは、合計10近くのポイントを織り交ぜながら歩いています。
末期ガン患者さえ治す力のある気功の中の重要ポイントを織り込んでいるわけですから、ガンの卵を消滅させる、すなわちガンを「予防」するのは決して難しいことではないと思っています。

[ポイント４] ＋アルファ：「省エネ歩行法」

歩くとき、足を前に出すのではなく、片側の腰を前に出すつもりで歩きます。

歩き方については皆さんそれぞれ工夫されて、独自の歩き方を

編み出している方もおられると思います。私の普段の歩き方は、［ポイント４］にバリエーションを加えて歩いています。「省エネ歩行法」です。とても効率の良い歩き方です。

普通の歩き方は、足を交互に前に動かして歩きますね。足の筋肉を使って足を前に運びます。大腿部や足は人体の中でも特に重い部品ですから、相当なエネルギーを使って足を動かして歩きます。
ここでは、歩くとき、足を前に出すのではなく、片側の腰を前に出すつもりで歩きます。

（１）たとえば、右足を前に出すときは、右足でなく、右腰を前に運び、右足は右腰に連れられるようにして前に出します。このとき、右膝を少し伸ばし気味にしてから、かかとから着地します。
（２）大腿部や足は脱力します。極力筋肉を使わないようにして、腰に引っ張られるようにして楽に前に運びます。足は振り子のイメージです。振り子の先端は大きく動いても、振り子の根元はあまり大きく動きませんね。腰が振り子の根元に相当します。
（３）たとえば、右足を前に出すときは、反対の左足にしっかり重心を乗せて、左足裏を意識しながら右腰を前に運びます。結果として、後ろの左膝が少し伸び気味になります。
（４）手は自然に任せます。自然に振ります。最初のうちは手を動かさないようにして、歩く練習をしたほうが早く馴れます。例えば、両手を腰の後で組んだままで歩きます。馴れてきたら手を離して、自然に任せます。
（５）片側の腰を前に出して歩くと説明しましたが、「腰」だけに限定する必要はありません。「腰」の範囲を広く解釈してください。下のほうは、股関節、上のほうは胸を前に出す意識で歩いても結構です。やり易い部位を前に出し、足を誘導するよ

うにして歩きます。体幹部の同側と同歩で歩けば結構です。

「省エネ歩行法」も膝を伸ばし気味にして歩くので、［ポイント4］の要件を満たしています。「省エネ歩行法」をご自分のものにできると、とても重宝します。特に上り坂や疲れている時に威力を発揮します。普通に歩く場合と比較して、感覚的には消費エネルギーが半分で歩けるような感じがしてきます。特に私のように腰椎が壊れている人間にとっては、長時間（5〜6時間）でも歩けるという自信がでてきますし、腰周りのこわ張りを解消するのにも役立ちます。
もちろん、体重を減らしたい、カロリーを沢山消費したいという場合は、省エネ歩行法ではなく、筋肉を使って足と手を大きく前に振り出し、エネルギーを消費しながら歩きましょう。

「ガンを予防する歩く気功」の詳細に関しては、拙書『ガンにならない歩き方』をご参照ください。

［4-4］その他の健康法

1．NASA健康法

皆さん、「1時間座り続けると寿命が22分縮む」というお話を聞いたことがありませんか？
これは2016年11月にNHKの「ガッテン！」で放送された「NASA直伝！　魅惑のアンチエイジング術」という番組のキャッチフレーズです。

宇宙飛行士が地球に帰還した直後は、ひとりで立ち上がれない

ほど身体機能が低下することが良く知られています。彼らは毎日３時間も筋肉トレーニングをしていますが、それでも地上に降りたときはひとりで歩けないのです。筋力の低下だけではありません。骨密度、免疫力、循環機能、代謝機能、認知機能など様々な機能も低下します。宇宙に半年滞在すると筋力は半分になり、骨密度は１桁低下してしまいます。宇宙では地上の10倍老化が進むと言われています。これは、宇宙は無重力状態なので筋肉をほとんど使わなくて済むので、そのために筋力が低下する、すなわち「無重力」が原因と考えられてきました。

ＮＡＳＡによって最近、より詳しいメカニズムが明らかになってきました。耳の中の内耳にある「耳石」という微小な器官が大きく影響していたのです。耳石はいわば「重力を感知する装置」です。からだが傾くと耳石が重力に引っ張られることで、その信号が脳に送られ、からだの傾きを知ることができます。からだの傾きを検出すると、脳はそれに対処するために様々な筋肉に指令を出します。しかし無重力状態では耳石は浮いた状態のため、からだの傾きを検出できません。そのため筋肉に指令が出ないので全身機能が低下していくようです。

ここまでは宇宙飛行士のお話ですから私たちに直接関係がありません。ところが近年、「座り続けること」が無重力と同じ悪影響を体に及ぼすことが明らかになってきました。なんと、１時間座ると22分寿命が縮むという研究結果があります。
座り続けていると耳石はほとんど動きません。耳石は全身の筋肉や自律神経とつながっています。自律神経は内臓や血管をコントロールしているので、耳石が活発に働くと筋肉の活動がよくなるだけでなく、心臓などの働きも良くなって血流が活発化し、糖やコレステロールの代謝が良くなります。
一方、耳石が動かないと、全身の筋肉や自律神経が働かないの

で、筋力の低下や循環機能低下、代謝の異常など様々な悪影響が出ると考えられています。

ＮＡＳＡの推奨する超簡単健康法、それは「30分に１度立ち上がる」ことです。実は「立ち上がる」という動作によって頭が上下・前後・左右に動くため、耳石を効率的に動かすことができます。ＮＨＫは、座り続ける時間が長い人を対象にして「30分に１度立ち上がる」ことを２週間続ける実験を行いました。すると、中性脂肪が15％減少、悪玉コレステロールが5％減少、善玉コレステロールが11％も増加したという結果が得られました。

耳石は「老化スイッチ」であると考えることもできます。耳石を動かさないでいると、「老化スイッチ」がＯＮになって老化がどんどん進行します。耳石を活発に動かすと「老化スイッチ」がＯＦＦになって身体が若返っていきます。耳石を動かすことで、ハードな運動をしなくても脂肪を減らして筋肉を増やし、様々な病気のリスクを減らせる可能性があります。障害や病気のために立ち上がることができない方々は、頭部をゆっくり動かすだけでも耳石を動かすことができますね。

なお、既にご説明した［功法４］：振動功は、ＮＡＳＡ健康法の原理に合致しており、さらに効果が高いと思われます。

２．ちょこまか健康法

これまでご説明してきた呼吸法、気功、ＮＡＳＡ健康法などの他に、もっともっと簡単な健康法もあります。それは「ちょこまかと動く」ことです。日常の家事や仕事などでは、できるだ

け静止しないで「ちょこちょこ動く」ことがとても大事です。立ち上がったり、歩いたりでも良いですし、椅子に腰かけている場合なら、動かせる部分だけでも時々動かします。例えば、交互にかかとを上下させたり、つま先を上下させたりでも結構です。ふくらはぎの筋肉が収縮することによって下半身の血流が大幅に増強されます。あるいは首をゆっくり動かしたり、肩や肩甲骨を動かしたり、腰を小さく動かしたりなど、動かせる範囲で時々動かします。首をゆっくり動かすのは、前述の「ＮＡＳＡ健康法」に合致しますね。座っていても「ちょこまかと小さく動く」ことはできるのです。

最近90歳超え、100歳超えの元気な高齢の方々が増えてきました。聞いてみると特別な健康法や運動をやっておられる方々は必ずしも多くないように感じられます。むしろ日常生活や農作業や仕事などの一環として、自然に動いている方々が元気はつらつと活躍しているようです。「ちょこまかと動く」ことで元気を維持しておられるように感じます。

第１章の最初の＜補足１＞でも述べましたが、オーストラリアの研究によると、座っている時間が長い人ほど死亡リスクが高まります。座る時間が１日４時間未満の人に対して、11時間以上座る人の死亡率は1.4倍に上昇すると言われています。同じ姿勢、同じ動作を長時間続けないようにしましょう。私たちのからだは就寝中でさえ寝返りその他で自律的にかなり動いています。
また、激しい運動を続けてきた方が急逝される例が比較的に多いように感じられます。しっかり運動することは素晴らしいのですが、激し過ぎる運動は避けた方が無難なようです。

＜蛇足＞

私は人生の半分以上45年間、ずーっと腰痛と闘ってきました。重症の脊椎間狭窄症をこじらせたため、今でも腰椎の下半分が破壊されています。それを克服するために様々な健康法を試し研究しました。その中で効果が各段に高かった「呼吸法、気功、イメージトレーニング、太極拳、自力整体」などを長年継続してきました。その結果、日常生活では大きな支障を来たすことなく過ごして来られました。それでも無理をしたり重いものを持ったりすると今でも腰痛が鎌首を持ち上げます。

数年前の年末に大分無理をして疲労が蓄積してきたので、腰を労わろうと考えて、正月の5日間ほとんど運動らしい運動をせずに寝正月を過ごしました。ところが4日目には腰痛が再発して5日目には動けなくなったことがあります。人間は動物ですから動くことを前提に設計されています。動かないでいると重大な支障を来すことを身をもって体験しました。

皆さん、「ちょこまか」と動きましょう！

３．その他のお奨め健康法

（１）太極拳

（a）中高年の方々にお奨めしたい健康法の一つに「太極拳」があります。太極拳は、とてもゆっくりした動作が中心であり、中高年が永く楽しめる健康法といって良いと思います。そして実はとても奥が深いのです。

（b）太極拳は、元来は中国武術の一種であり、特定の家系に代々継承されてきたといわれる秘術です。普通の武術は、力やスピードが重要な要素になりますが、太極拳では全く逆で、力を抜くことが最も重要になります。力を抜くことで生ずる「気」

の働きを活用するのです。日本の合気道と根底で共通しているところが多いように思います。力を抜いて、ゆっくり動き、気の働きを導き出すわけですから、中高年にとって正にピッタリの健康法といって良いと思います。

（c）太極拳の特徴や効果の代表的なものは下記です。

◎ 健康増進効果が大きい
・足腰が鍛錬され、しなやかなからだを取り戻します。
・筋肉・骨格だけでなく、内臓や脳や精神面など全身に良い効果を及ぼします。
◎ 中高年向きである
・ゆっくりした穏やかな動作が中心であり、80歳でも90歳でも楽しく続けられます。
・何処でも何時でも気軽にできます。
◎ 気功の鍛錬として優れている
・脱力によって気の流れが良くなり、気功の鍛錬になっていきます。
・太極拳が終わった後、爽快感、軽快感を得られるようになります。
◎ 武術として達人の領域に到達できる可能性がある
・太極拳は気の武術であり、気の働きを引き出せるようになっていきます。
・老人でも弱者でも、気の働きで屈強な大男を跳ね飛ばすことができます。

太極拳の特徴を表わす言葉として、「小力で大力を制す」、「力ではなく意識を使う」、「柔をもって剛を制す」、「相手の力を借りて相手を制す」などがあります。最大の特徴は、力を抜きながら、意識の働きと、気の働きを活用することです。

（2）自力整体

（a）「自力整体」は自分ひとりで行う整体法です。兵庫県西宮市の「矢上 裕」先生が創始された世界的に見ても極めて画期的な整体法です。自分自身のからだの重みを使って、首、肩、腕、腰、膝、足など全身のコリをほぐし、からだの歪みを矯正していきます。大きな治療効果を発揮します。

（b）20数年前に公開されて以来、絶えず内容を充実して現在も発展を続けており、全国各地で教室が開設されています。私も20年ほど前から自力整体を始めてその効果を実感し、直ぐに東京立川市で教室やサークルを主宰しています。
自力整体の動作はストレッチの動作に似ていますが、単なるストレッチと異なり、筋肉のコリを取り、からだの歪みを矯正して「整体」にしていきます。正に「自分ひとりで行う整体法」です。

（c）動作は数え切れないほど沢山ありますが、大きく分類すると下記の3つのタイプの動作に大別されます。

◎自分自身のからだの重みを使って筋肉を伸ばし、適切に揺することによって筋肉中に溜まった疲労物質を血管やリンパ管から洗い流します。その結果、固くなっていた筋肉が柔らかくなり、しなやかさを取り戻します。（加圧伸展法といいます）

◎ツボや経絡（気の流れ道）を刺激して、気の流れを調整していきます。気の流れが調整されると「気のからだ」が正常化されます。「気のからだ」が正常化されると、肉体の歪みが取り除かれていきます。

◎日常生活では、良く使う筋肉がある一方、あまり使わない筋肉も多く存在します。この差が極端になるとからだに歪みが生じてきます。普段使わない筋肉を働かせてやり、筋肉のアンバランスを解消しからだの歪みの原因を取り除きます。

自力整体には、動作を中心とする「整体法」だけでなく、「自力整体整食法」や「自力整体整心法」などもあり、予防医学としての広範な健康情報を内包しています。

第4章はここまでに留めます。
現代科学が無視し続けている「根源のエネルギー」＝「気」などの働きを、健康面で活用するための方法論を述べてきました。「気」、「意識」は生命体の根本であり、それらの働きを上手に活用するのが「宇宙のしくみを活かす健康法」であると捉えています。
そしてその中心は、呼吸法、気功法、イメージトレーニングなどであり、一言で言えば「気功」ということになります。気功には、高度で難しい気功、1時間近くかかる長時間の気功、簡単で覚えやすい気功など様々な種類があります。しかし、効果の点から考えると、難しい気功だから、長時間の気功だから効果が高いとは言えません。簡単で短時間の気功でも継続さえできれば高い効果を発揮するものがあります。第4章ではそのようなものをご紹介してきました。
私が特にお薦めしたいのは、「［功法8］：ガンを予防する歩く気功」です。人間誰でも歩きます。歩くときにご紹介したポイントを1つでも2つでも加味して歩くだけで結構です。毎日15分歩けば、15分気功を行ったことになります。30分歩けば30分気功を行ったことになります。これは凄いことです！
普通の気功は数分、せいぜい十分程度のものが多く、またそれ

を毎日行うことはなかなか難しいのが実情です。でも歩くことが気功になれば、継続の威力が発揮されます。体力、免疫力、気力が増進され、人間力グレードアップの基盤になります。是非お試しください。継続してみてください。
なお、紙数の制約から細部まで記述することができませんでした。拙書『ガンにならない歩き方』（アマゾン他で販売中）では省略せずに記述している項目が多くあります。

次の第5章は「新たな価値観の展開」です。
「大宇宙のしくみ」と価値観と関係があるの？　と不思議に思われる方が多いかも知れません。実は大有りです！
ご承知の通り、世界の政治情勢、経済情勢、社会情勢などが今大きな混乱に直面しています。そして地球環境が大幅に悪化して持続維持が懸念されてきています。そしてそれらに対する根本的な解決策は何も提示されていません。
「大宇宙のしくみ」にまで遡って考えると、諸難問に対する対応策が見えてきます。それが「新たな価値観の展開」です。

第5章　新たな価値観の展開

[5-1] 今何が問題か？

1．世界情勢

20世紀末に米ソを対立軸とする東西冷戦が終焉しました。当時のある著名な未来学者は、21世紀は大きな争いのない平穏な新世紀が到来すると予想していました。
しかし現実には、21世紀に入って20年近く経過した今なお、世界情勢は混迷を深めつつあります。国際政治、国際経済、宗教などが絡み合った深刻な「紛争」が頻発しています。シリア、イラクを中心とする中東の悲劇的な紛争、EU統合崩壊の危機、中国の膨張主義・覇権主義、ロシアの他国侵犯、北朝鮮の狂気、米国の政治的混乱などなど、様々な難問が同時進行しています。世界大戦勃発の可能性さえ論じられています。様々な紛争をどのようにしたら解決できるのでしょうか？　何らかの紛争抑制対策が不可欠です。

また経済的には「格差」の拡大が大問題になっています。個人間の格差はもちろん、地域による格差、世代間の格差、国別の格差など様々な格差が拡がっています。経済的な格差が日常生活だけでなく、個人の人生の有り様、さらに健康・寿命まで左右しています。紛争地域では大量の難民が流出して深刻な国際問題が発生しています。日本国内においても、格差は地方から都市部への人口流動を促し、ますます過疎化、過密化が進行しています。様々な格差をどのようしたら縮小できるのでしょうか？　広範な格差軽減対策が不可欠です。

2．地球規模の難問

環境汚染、地球温暖化など地球規模の大きな難題が提起されて久しいですが、根本的な解決は殆どできていません。

(1) 地球環境悪化
文明の発展にともなって急激に地球環境が悪化しています。自然破壊、地球温暖化、気候変動、海面上昇、ゴミ問題、放射能問題、ヒートアイランド問題、生物多様性の損壊など極めて多方面にわたります。その対策も一部行われつつありますが有効性は未知数であり、恐らく大幅に不十分でしょう。今のままでは人間をはじめとして生物の存続に深刻な影響が出そうです。

(2) 資源の収奪
もっと深刻な大問題があります。人類は石油をはじめ様々な地下資源を急速に消費しています。46億年の地球の歴史の中で少しずつ蓄積されてきた貴重な資源を、地球史レベルで見ればほんの一瞬の数百年の間に、その多くを使い果たそうとしています。私たちは後々の子孫の資源まで奪い尽そうとしているのです。子孫に対して資源泥棒を犯していると言っても過言ではないと思います。
地球資源は今後少なくとも百万年は、子孫のために持続させなければならない筈です。しかし今のままでは、せいぜい数十年〜数百年程度しか持続できない資源が多いと考えられます。私たちは、大量生産、大量消費に代表される「物質偏重の現代文明」を大幅に軌道修正する必要があります。誰でも解かる単純なことですが、実際にはなかなか動きが見えません。

(3) 驚愕の格差
オックスファム（世界90カ国以上で活動する貧困対策の国際協力団体）は、世界経済フォーラム年次総会（ダボス会議）に向けて毎年、年次報告書を発表しています。2015年版によると、

世界の長者上位62人と、世界の下位半数に相当する36億人の資産は、どちらも計1兆7,600億ドル（約206兆円）でした。つまり、トップの金持ち62人の資産は、貧しい方の36億人の資産に匹敵することになります。さらに、上位グループの資産は、5年間で60兆円増えました。下位半数の資産は、5年間で120兆円減りました。

さらに、上位1％の富裕層が持つ資産額は、残り99％の資産額を上回るというデータもあります。1日あたりの生活費が1.9ドル未満という極貧ライン以下の生活をおくる下位20％の所得は1988年から2011年までほとんど動きがなかったのに対し、上位10％の所得は46％も増加しています。世界には、1日当たり200円以下で暮らしている人が20％もいます。世界の人口が73億人とすると、14億6,000万人もいることになります。富裕層と貧困層の所得格差が、驚くほど急速に拡大し続けているのです。これを放置して良いのでしょうか？　良い筈がありません！　では具体的にどうしたら良いのでしょうか？

（4）持続不可能な現代生活

地球の人口は2012年時点で70億人以上、今後も加速度的に人口増加が進みます。人口13億人超の中国は、エネルギーと資源確保のため、なりふり構わず傍若無人の振舞いを続けています。東シナ海の無断ガス田開発、尖閣諸島の収奪計画、南シナ海の領海化、西太平洋への権益拡大化など目に余るものがあります。これらの大きな要因の一つは資源確保を緊急課題と捉えているからと思います。

今後さらに人口12億人超のインドの経済開発が進み、周辺のアジア諸国やアフリカ諸国の開発が進むと、それらを賄う資源とエネルギーの確保はもはや困難でしょう。私たちの現代生活は持続不可能です！

一見持続しているように見えるのは、後々の子孫の資源まで手

を付けているからに過ぎません。物質偏重の現代文明は破綻が目に見えています。大幅に軌道修正する必要があります。では具体的にどのようにしたら上記の様々な問題点を解決できるのでしょうか？
このことを考えようとする際に、人間観、世界観、宇宙観がとても大事であると私は考えています。「大宇宙のしくみ」が理解できると、考え方が大きく変わってきます。

3．日本の難問

日本国内でも様々な問題があります。個々の問題はさて置き、共通的、根源的な大きな問題を考えてみたいと思います。

（1）人口減少
日本の人口は、2010年頃なだらかなピークを過ぎ、以降人口減少局面に入っています。総務省の国勢調査速報値では、2015年10月1日現在の人口は1億2711万人。前回調査比で約94万7000人、0.7％減少しました。39道府県で減少となり、減少率では秋田県がトップで5.8％でした。
米国のウォール・ストリート・ジャーナル紙は、2014年の日本の出生率は1.42で、2100年には人口は8300万人まで減るという国連の報告を紹介し、安倍内閣が目指す「2060年に人口1億人維持」に、疑問符を投げ掛けています。実際に昭和24年の年間出生数は270万人でしたが、今では100万人を割り込んでいます。
人口減の要因として少子高齢化や晩婚化、東京一極集中などが挙げられます。このまま減少が続けば年齢構成の偏りが加速し、社会保障制度が維持できなくなります。各種サービスの存続が難しくなり、社会の活力や経済力が大幅に衰退して地域社会が崩壊する恐れが現実化してきます。

実は東京都でさえ間もなく人口減少が予想されており対策が検討され始めています。日本はかつて経験したことのない急速な人口減少局面を経験することになり、右肩下がりの「縮小社会」を体験せざるを得ない状況です。

一方、人口が減少すると様々な変化がおきますが、必ずしも全て悪いことばかりとは言えません。人口が減少すると経済成長率が低下するという意見がありますが、日本は既に1999年から労働力人口が減少に転じているにも拘わらず、成長率が大きく低下したという事実はないようです。

人口が減少することによって、結果的に生産性が高まる可能性も高いと言えます。しかし個々の国民にとって様々な変化が起きるのは当然であるし、国全体としても大きな歪を抱えることになります。大事なことは、国家として人口動態の緻密な推計と対応策を練り長期計画を作り、それに向かって着実に政策を実施することでしょう。

ただし、人口1億人を維持するために安易に移民を増やすべきではないと思います。EUでは移民問題、難民問題が深刻な軋轢を生み、EU崩壊の引き金になっています。EUの二の舞にならないように移民は極力避けるべきです。先ず本当に人口1億人維持が必要なのかについても吟味する必要があります。

(2) 過密と過疎

都市部、特に東京に人口が集中し、地方は過疎化が急激に進行しています。過疎化にともない地方での高齢化と荒廃が進んでいます。地方の小学校では在籍生徒数が10人程度に減少し、やむなく廃校になっていく事例が数多く見られます。

一方都会では、待機児童の増加に代表される過密問題が深刻です。この過密と過疎問題、そして人口減少問題を早期に解決しない限り、日本の明るい未来は望めそうにありません。

地方からの人口の流出防止と、逆に地方への移住者の増加が必

須ですが、地方の取り組みだけでは限界があり、国家レベルでの抜本的な対策を加速する必要があります。

若者対策では、地方における雇用創出や起業支援の他、子育て世代の優遇策、保育・教育環境の整備などが必須であり、高齢者対策では地域医療や包括ケア、見守り体制の充実なども重要です。

（3）安全保障意識

戦後の日本人は謙虚かつ穏やかであり、平和愛好者がとても多いと思われます。二度と戦争をしてはならない、他国に迷惑をかけてはならないと考える方が多いと思います。その結果として、全体として「安全保障意識」がとても薄くなっていると感じます。

安全保障とは、一言で言えば他国からの脅威に備えることです。「平和！安全！」と唱えているだけでは平和と安全は得られません。中国は隙あらば尖閣諸島を占領しようとしています。沖縄をも中国の支配下におこうと様々な画策をしています。

対日工作のために毎年1兆円以上を使って、日本の内外に様々な工作を仕掛けています。そして残念ながらそれに呼応する日本人やマスコミが少なからずいます。

一度占領されてしまうと奪還は非常に困難です。北方4島の返還は70年以上経っても目算も立っていません。竹島も同様です。最近の例では、ロシアによるクリミア占領も同様であり、現実問題として占領された領土を取り戻すことは極めて困難です。

したがって占領されないように様々な手を打つ必要があります。安全保障対策が何よりも重要です。

また中国は、南シナ海だけでなく太平洋の西半分を中国の支配海域にしようと企み、海軍力を急激に拡大しつつあります。も

しそうなれば、中東からの石油をはじめ、世界中の様々な物資が途絶える可能性も生じ、資源貧国の日本はたちまち干上がってしまいます。
それをどうやって防止するか、これも安全保障の重要点です。
幸か不幸か、最近のいくつかの国際事件の結果、安全保障を意識する方々が多少増えてきているのではと期待しています。
東シナ海での中国漁船の体当たり事件、尖閣諸島問題、南沙諸島の領海化問題などなど、最近の様々な動きによって安全保障が何よりも大事であることを認識される方々が増えていくことを願っています。

清く正しく行動し自ら戦争を起こさないことを宣言すれば安全ということには決してなりません。現実にチベットは共産中国によって占領され、何の落ち度もない穏やかなチベット人が120万人以上虐殺されてきました。ダライラマもインド亡命を余儀なくされました。貴重なチベット密教の寺院も次々と破壊され僧侶や民衆が虐殺され、チベットは中国に同化されつつあります。新疆ウイグル（旧東トルキスタン）でも同様です。力がないと簡単に侵略されてしまうのが現実であり、世界の歴史が証明しているのです。
「どんなことがあっても戦争は二度としてはならない」と日本人の多くの方々が考えているようです。しかし、自分や家族だけは安全だと暗黙の前提条件を想定していないでしょうか？
自分自身はもちろん、家族、親類、友人が虐殺されてもよいから、それでも戦争をするなと言い切れるのでしょうか？
自分は平和志向だから、善良な市民だから殺されないという保証は全くありません。チベットを見れば明らかです。チベットや新疆ウイグルと同様になっても良いのでしょうか？　国民全員がもっともっと安全保障意識を高める必要があります。
安全保障にとって情報力が決定的に重要ですが、残念ながら日

本の情報戦対応力は冷や汗がでるほど劣っています。今すでに日本は極めて危ない状況にあります。

(4) 巨大災害対策
日本はその立地上、古代から様々な自然災害に見舞われてきました。地震、噴火、台風、大雨など繰り返し被害を受けています。中でも巨大地震は日時を特定できなくても必ず高確率で発生し、甚大な被害が発生することが解かっています。残念ながら災害の発生を止めることはできません。しかし、被害を最小化することは可能な筈です。

必ず発生すること、必ず被害を受けることを覚悟した上で、いざ発生してしまったときに、如何にして被害を最小限に抑えるのか、ダメージコントロールを行う必要があります。特に巨大地震に対しては、あらゆる角度から検討し想定して、複層的な対応策を準備しておく必要があります。

そして、電気、通信、交通、流通は当然として、警察、救急、医療などほとんどの文明の利器が一定期間使用できなくなることを想定する必要があります。行政はもちろん、自衛隊、マスコミ、企業、個人それぞれが、どんな場合、何をすべきかという「被害抑制プログラム」を絶えず意識している必要があります。そして様々なケースを想定して被害を最小限に留めるための訓練を定期的に実施すべきと思います。

それらをやらない場合に比べて、おそらく人的被害が半分以下に抑えられると思います。いや、抑えなければなりません。

大災害に対するダメージコントロールが極めて重要です。富士山噴火に関しても同様です。この観点からも東京に過度に集中した人、モノ、カネを地方に分散させる必要があります。

ちなみに「世界都市危険度ランキング」が発表されています。スイス再保険が2014年04月にまとめたものですが、世界の大都市で災害被害想定の一番大きな大都市は、東京・横浜であり、

5710万人が影響を受けると予想しています。第4位は大阪・神戸（日本）で3210万人、第6位は名古屋で2290万人、その他アジアが上位を独占しています。

4．今後予想される問題　＜人工知能対策＞

コンピュータは今から70年前に誕生し、以後急速に進歩を続けてあらゆる分野で欠かせない存在になっています。コンピュータは人間に比べて、データ処理量と処理スピードが圧倒的に優れているため様々な分野で活用されてきました。ただし、コンピュータの持つ機能は、人間（ソフトウェアエンジニア）が予め指定（プログラム）した範囲内でその能力を発揮します。一方20年ほど前から、人工知能（ＡＩ：Artificial Intelligence）が急速に発達してきています。人工知能もコンピュータ技術を基礎にしていますが、その機能は人間（ソフトウェアエンジニア）が指定（プログラム）した範囲を飛び越えて、自律的に機能と能力を増大していきます。

簡単に言えば「学習機能」を持ち、人工知能自らが経験則を増やしていきます。人間でも経験を重ねれば重ねるほど賢くなり、失敗が減少し、成果が大きくなります。人間の場合の経験は、自分自身の狭い経験範囲内の集積ですが、人工知能の場合は、入手可能な全ての経験データを取り込み瞬時に学習することによって、圧倒的に膨大な経験則を手に入れることができます。
2016年春、最も高度なゲームとされている囲碁において、人工知能がプロ棋士に快勝したニュースが流れ話題になりました。このケースでも人工知能は過去の膨大な対戦データを学習して経験則を強化していました。今は「ビッグデータ」と呼ばれるさらに大量のデータを簡単に利用できる時代ですから、人工知能の能力はますます飛躍的に向上するでしょう。そして、学習だけでなく、認識、理解、予測、計画など人間と同様な高

度な能力を発揮できるでしょう。

人工知能の対象は、囲碁やチェスなどのゲームだけではありません。その応用範囲は極めて広く、自動車の自動運転、自動製造、自動翻訳、自動診断、自動介護、自動教育、訴訟自動判決、経営自動判断、自動戦闘など多分野に広がります。

実際の病気診断の例として、人工知能「ワトソン」は、2000万件に及ぶ医学論文を検索して、人間の専門医師が思いつかなかった特殊白血病を診断し、その具体的な処方を提示し、患者を救った実例が報告されています。人工知能は、物づくり、流通、金融、サービス、教育、医学、軍事などの実用分野だけでなく、小説、作詞、作曲、絵画など芸術分野でも応用が可能であり既に様々な試みがなされています。

しかし喜んでばかりいられません。人間のできることは、人工知能がより良くできるからです。むしろ人間よりも圧倒的に速くかつ完璧に近い判断を行い作業完結することができます。基本的に「人間は不要」になる可能性が高いのです。既に一部の銀行やホテルの受付業務や、家電量販店の接客要員が人工知能を内蔵した人型ロボットに置き換わってきています。

普通の会社の大部分の仕事は人工知能に置き換わる可能性があります。会社での部下の管理や、弁護士など知的労働も人工知能が行うことになりそうです。もちろんコストや時間の関連がありますから今直ぐにというわけではありません。しかし、間もなくです！

人工知能のもうひとつの特色、それは進歩が圧倒的に急速であることです。ここまで来ると、この先は指数関数的にあっという間に、信じられない速度で進化していきます。このことによって産業再編や雇用の流動化など、社会構造が一変する可能性があります。

いったい、人間は何をすべきなのでしょうか？　人間はいかにして収入を得たら良いのでしょうか？　間もなく人工知能に追われた大量の失業者が巷にあふれ、社会全体が産業革命をはるかに上回る激変に見舞われることになりそうです。大問題ですね！

それだけではありません。コンピュータ界では、「ウイルス」のように悪意をもって他のコンピュータを害するソフトウェアが後を絶ちません。同様に人工知能が悪意を持つ可能性を否定することはできません。悪意を持つ人間が手を貸すケースと、人工知能自体が悪意に目覚めるケースがあり得ます。人類滅亡の引き金になると警告する著名な科学者もいます。私は人工知能の開発に適切な指針と倫理的制限を導入すべきと考えます。

私たち日本人は、もっともっと人工知能に注力する必要があります。既に人工知能の複数の分野で周回遅れになっており、世界的に見ると第2集団の中位に甘んじていると言われています。人工知能を制する者が世界を制することになりそうです。

代表的な問題点に触れてきましたが、これらを解決する方法があるのでしょうか？

私はあると考えます。ヒントは「日本人の特性」と、日本人の心の底に流れる「精神性を重視する価値観」です。

これらが多くの方々に認識されていけば、地球レベルの大問題まで解決の方向へ導けると考えています。

[5−2] 日本人の特性

1．外国人の見た日本

私たち日本人にとっては当たり前のことですが、外国人から見ると大変な驚きであることがたくさんあります。しかし日本人自身はそのことをあまり認識していません。

（1）東日本大震災での日本人のふるまい

東日本大震災の際、海外のメディアは日本人の素晴らしさを競って世界中に配信しました。大地震、巨大津波による多数の行方不明者と死者、複数炉原発事故による放射線汚染……。未曽有の大災害の中で、日本人被災者は黙々と秩序を守り、お互いを思いやり、助け合いながら困難と悲しみに耐えていました。外国ならこのような場合、大混乱、暴力、略奪が起こって当たり前なのに、まったくそのようなことが起きない日本人の我慢強さ、助け合いの心、そして礼節と美徳と品性に世界中が驚嘆しました。メディアによって流された大震災の様々な情報、特に写真や動画を見た海外の人々の反応の一部です。
○日本ほど素晴らしい国は、世界中どこにもないだろう！
○この状況下で略奪の報告が一つもないなんて信じられない！
○先進国と言われる国々で起きている暴動、放火、窃盗、略奪などの犯罪の数々を考えても、日本は地球上に唯一残る文明が行き渡った国だと思う。
○自分は見たものだけを信じる。だから日本人はすごく尊い人たちだと思う。日本から学ぶことが沢山あるよ。
○私は日本人好きだよ。彼らは本当に誠実。日本に住みたいよ。
○買い物をしてお釣りの額を確認しなくていい国は、私が知る

限り世界で日本だけ。私が回った海外各国では多くの場合お釣りの額が合っていなかった。

（2）ベンゲル元名古屋グランパス監督の言葉

サッカーJリーグで1995年の最優秀監督賞を受賞した元名古屋グランパスのベンゲル監督は次のように言っています。
「日本人はヨーロッパを美しく誤解している。しかし実際のヨーロッパは全然違う。治安が悪いのはもちろんのこと、日本人と比較すればヨーロッパ人の民度は恐ろしく低く、日本では当たり前に通用する善意や思いやりは全く通じない。隙あらば騙そうとする奴ばかりだ。日本ほど素晴らしい国は、世界中のどこにもないだろう。これは私の確信であり事実だ。
問題は、日本の素晴らしさ・突出したレベルの高さについて、日本人自身が全くわかっていない事だ。おかしな話だが、日本人は本気で、日本はダメな国と思っている。最初は冗談で言っているのかと思ったが、本気とわかって心底驚いた記憶がある。信じられるかい？　こんな理想的な素晴らしい国を築いたというのに、誇ることすらしない。本当に奇妙な人達だ。しかし我々ヨーロッパの人間から見ると、日本の現実は奇跡にしか思えないのである」
（多くの日本人にとって意外に感じると思いますが、日本人は西欧の良い面だけを過大評価し、影の面をあまり認識していないと思われます）

（3）　アルバート・アインシュタイン

1922年（大正11年）、アインシュタインは日本のある会社の招待に応じて初めて日本を訪れました。ヨーロッパから日本へ向かっている日本郵船の船上でノーベル物理学賞受賞の知らせを

受け取りました。アインシュタインにとって日本は是非とも訪れたかった「神秘のベールに包まれた国」でした。彼のいたドイツでは、生存競争に勝ち抜くための凄まじい個人主義が当たり前になっていました。家族の絆は弱まり穏やかな人間性が損なわれつつありました。

アインシュタインは日本各地で熱狂的な歓迎を受け、また何度も長時間の講演を行いました。そして多くの日本人と会いました。「日本人は他のどの国の人より、物事に対して物静かで、知的で、芸術好きで、思いやりがあって、家族や集団との絆を大事にし、控えめで非常に感じの良い人たちです。美しい風光と人間が一体化しているように見えます。」と感嘆しています。アインシュタインは欧米の個人主義が行き過ぎであることを痛感し、むしろ日本人の大らかさ、家族主義、集団主義に親しみを感じていたようです。

アインシュタインの日本滞在は僅か1カ月強でしたが、鋭い洞察力を発揮して次のような趣旨の警告を発信しています。

「日本人は、西洋の現代文明に憧れ西欧化を志向しています。しかし西洋と出会う以前に日本人がもっていた、純粋で静かな心、個人の謙虚さと質素さ、伝統的な価値観、建築・美術・音楽などの芸術、生活自体の芸術化などを純粋に保っていて欲しいものです」

(4) 明治初期の外国人の記述

江戸時代末期から明治時代に来日した多くの外国人が残した紀行、記述がたくさん残されています。その共通的な感想に「日本は夢のような国」、「お伽の国」(ラフカディオ・ハーン:ギリシャ)、「理想郷」(バジル・チェンバレン:英国)、「天国にもっとも近い国」(エドウィン・アーノルド:英国)、「エデンの園」(イザベラ・バード:英国)などがあります。

末端の車夫や馬丁にいたるまで、その仕事に対する律儀さ、礼儀正しさ、心づかい、純朴さに驚いています。そして工芸品や美術品はもとより、日常使用するありふれた道具類までへの細部にわたる工夫・技巧や繊細な目配りに驚いています。庶民の家はいつも開放的で外から内側が丸見えであり、戸締りや鍵など不要で泥棒の心配をしていないことに驚愕し羨望しています。これは周辺の人々との間で十分な信頼関係があり、心から安心できる生活があり、安全で平和な社会が構築されていたことを示しています。

日本人は長年にわたって高度な精神性を磨き上げ、世界が羨む理想的な国、夢のような国を築き、明治の文明開化直前まで維持していたことを証明しています。

（5）フランシスコ・ザビエル

16世紀半ばに日本を訪れたスペインの宣教師フランシスコ・ザビエルは次のように言っています。
「日本人の民度の高さは飛びぬけておりこれほど優秀な民と会ったことはない。多くの民は読み書きができ、本国スペインよりも識字率が高そうである。清貧を良しとし、何よりも名誉を重視するので、武士たちは金儲けのような不名誉な行為には関わらない。進取の気風が極めて強く、いざ戦いとなると手強い存在である」

（6）魏志倭人伝の記述

さらに時代を1200年遡ります。魏志倭人伝の中に「日本人は盗みをせず、訴え事も少ない。」との記述があります。紀元2～3世紀の日本では既に市が立ち、租税の徴収、刑法の施行、中国との貿易が行われていました。中国人から見て「盗みをし

ない」ことは驚愕でした。そしてこのことは明治初期まで2000年近く続き、家は開放的で戸締りや鍵をかける習慣も不必要でした。明治前後に日本を訪れた西欧人にとっても羨望の極みでした。

2．日本人の特性

日本人は大自然との調和を大事にしてきました。縄文時代の大昔から大自然を敬い、畏れ、そして活用してきました。大自然と人との和を重んじ、人と人との和を大事にしてきました。また万物に神が宿るという「八百万の神」を直感していました。オーストラリアの先住民アボリジニ、アメリカ先住民、ヨーロッパのケルトなど、大自然を大事にする少数民族は他にもありますが、国家として2000年にわたり永続的に発展してきたのは日本だけです。

日本は「和」の国であり、家族の和、地域の和、国の和を重視することで無益な紛争を減らし、そのことが日本を数千年の長きにわたり永続・発展させてきました。大自然との調和を大事にする心は、自然物を無駄にしないで利用し尽すという形に表れます。そして「もったいない」という心に発展します。さらに「足るを知る」という言葉が大事にされてきました。満足することを知っている者は、たとえ貧しくとも精神的には豊かであり幸福であるという意味合いです。

18世紀中ごろのヨーロッパ最大の都市＝ロンドンの人口は70万人、同じ時期の江戸の人口は120万人であり飛びぬけた世界最大都市でした。しかも江戸の町は、海、町、畑、森が有機的につながり、全てを循環させる「持続する大都市」でした。江戸だけでなく、日本中の多くの都市が循環型のエコシティーでした。

永続的に発展・持続しているのは国家や大都市だけではありません。創業1400年の建築会社「金剛組」を筆頭に、千年以上も事業を継続している超長寿企業も多く、100年以上続いている企業が、10万社以上あると推定されています。世界的にみて極めて珍しい現象です。その秘密は「暖簾(のれん)」を大事にする長期的な「信用重視」の姿勢であり、それが日本的経営の中核を占めていると考えられます。

日本人の生活は概して質素であり、華美を蔑みました。金品を稼いでも尊敬されませんでした。豪商でさえ「士農工商」の最下位のランクに甘んじました。「宵越しの金は持たない」のが江戸っ子の自慢（？）でした。貧しくてもそれなりに人生を楽しむ術を知っていたようです。貧しくても礼節を重んじ、勤勉に働き、また学びました。
日常生活の中で、お金を使わずに楽しみを見つけました。独楽(こま)を回し、凧を揚げ、将棋を指し、碁を打ち、花を活け、句を詠み、茶を立て、独特の文化を醸成していきました。そして美術、工芸、文芸、演芸、風流、料理、園芸、武芸……などあらゆる分野で繊細で洗練された日本文化を花開かせてきました。多くの他国のように特権階級だけの文化ではなく、庶民文化が花開きました。総じて、物質的な豊かさよりも精神的な豊かさを追求してきました。

江戸時代の一般庶民の識字率の高さは特筆すべきと思います。当時の欧米でも少数のエリート層を別にすると一般庶民の識字率は高くなかったからです。1850年頃の江戸での就学率は70〜85％でしたが、イギリスの大都市では20〜25％に過ぎなかったと言われています。この頃全国に寺子屋や塾が20,000カ所もあり、武士はもちろん町民や農民の子供でも自由に通えたようです。

国民の約半数が読み書きそろばんを習っていました。そして明治40年からの義務教育の普及以降、識字率は100％になっています。しかし世界的には現在でも識字率100％の国は必ずしも多くありません。このことと相まって、日本人の倫理観、道徳観、礼節の心が、日本の治安の良さ、犯罪発生率の低さにつながっていると思われます。

日本の国家としての安定性は、世界史において例がない断トツの世界一です。大和朝廷の成立後、王朝交代もなく、国家分裂もなく、外国から征服されることもなく、独立と統一が維持されてきました。それは日本人の「和」を重視する心がもたらしたと言ってもよいと思われます。そしてこのことが日本独特の伝統文化の醸成に役立ってきました。
成田空港や羽田空港に飛来する外国人に対して「Ｙｏｕは何しに日本へ？」と問うテレビ番組や、「日本に行きたい外国人」をサポートする番組などがあります。日本の伝統文化に深い興味を持って様々な国々から日本にやってくる老若男女が多くいます。彼らの日本文化に対する理解度は想像以上に深く広く、その知識と造詣に驚かされます。それに比較して、多くの日本人は日本の伝統文化を深く知りません。その価値に気付いていません。残念ながらそのような教育を受けてこなかったのです。

＜補足＞　縄文人

日本人の大元を辿ると「縄文人」につながります。最近の研究で縄文人のイメージが急速に見直されてきています。エジプト文明やインダス文明などの遥か以前、今から１万6500年前に土器を制作し、6000年前には稲作を行っていたことが解かってきました。弥生時代の遥か以前のことで

> す。船を作り近海での漁はもちろん、驚くほど広い範囲で交易を行っていました。どうやら6000kmも離れた南太平洋のバヌアツや、16,000km離れた南米エクアドルまで到達していたようです。そこで5000年前の縄文土器やその破片が多数発掘されているのです。縄文人は遥か古代から高度な文明・文化を持っていたようです。今までの日本史では殆ど触れられていませんが。

3．心のつながり

日本人にとっては普通の行動であっても、外国人を感動させる事柄が多々ありました。
例えば、明治23年トルコ軍艦「エルトゥールル号」が和歌山県沖で遭難した事件は、現在でもトルコの教科書に載っており、トルコでは知らない人はいません。外国船の遭難を知った串本の地元住民は、命の危険を顧みず生存者の救助と介護に尽力し69名を助け、手厚く看病しました。そして明治天皇は軍艦2艦をオスマントルコに派遣し、生存者を丁重に送り届けました。トルコが大の親日国になった理由の一つです。
その95年後、イラン・イラク戦争の最中に日本人だけが多数イランに取り残されたことがあります。日本は憲法の制約で自衛隊機を派遣できず、民間機も危険過ぎると躊躇して救助不能状態に立ち至りました。そのときに、トルコ政府が飛行機2機をテヘランに飛ばして、215人の日本人全員を間一髪で救助してくれたという後日談があります。このような事例は、トルコだけではありません。台湾をはじめアジア各国、その他でも多数あり日本人の評価を押し上げ、親日度を高めています。
これらは、人としてのあり方、行動、伝統、人との触れあい、心のつながりなどの精神的な豊かさの「力」が何よりも大きい

ことを示しています。国の評価は、物質的な豊かさだけでは決まりません。アメリカは第二次大戦後、飛躍的に経済が発展して経済大国、軍事大国となり物質的豊かさを誇りました。しかし、アメリカには友好国が多い反面、敵対する国々も多く、9.11をはじめとする深刻なテロのターゲットになっています。本当の国の価値は、経済力や軍事力だけでは決まらないのです。

4．日本人の人気

イギリスのＢＢＣ放送が2006年に行った世界的な調査があります。33カ国の４万人を対象にした幅広い世論調査の結果、「世界に良い影響を与えている国」として最も高く評価されたのが日本でした。全体の55％が日本を肯定的に評価し、18％が否定的に評価しました。ところが困ったことがあります！
多くの外国では、自国をとても高く評価しています。例えば、ブラジルの肯定的な自己評価は84％、中国は81％、ドイツは79％、ロシア、韓国は76％、それに対して日本の肯定的な自己評価は、僅か43％です。日本人は自国を評価していないのです。他国は日本を一番に評価しているのに！
日本人は自らに自信が持てないようです。明治時代以降の近代化の過程において、欧米の文明・文化は素晴らしい、日本の文化は旧態的、封建的、迷信的として惜しげもなく破壊してきました。浮世絵は輸出する陶器類の梱包補助材料として粗末に扱われ、貴重な美術・工芸品などが安値で大量に海外に流出してしまいました。西欧化、国際化の名のもとに、自国の伝統文化を否定してしまった悲しい歴史を繰り返してはいけません。

さらに第二次世界大戦後の連合国の占領方針によって、日本人は民族の誇りを徹底的に否定されました。戦後70年以上経過した現代でも、その呪縛から逃れていない知識人が多く、また

大新聞までもがしかり。欧米の文明・文化・主張が正しいとは限りません。それどころか多くの問題点を抱えています。欧米の個人主義、合理主義、自由経済システムなどでも問題点が目立ってきています。後進国のモデルとしては「難」が多過ぎると感じるのは私だけでしょうか。日本人はもっと自信を取り戻す必要があります。

イギリスＢＢＣ放送の調査は以後も毎年行われ、日本は毎年５位以内に入っており、2008年度、2007年度、2012年度でも１位にランクされています。

他にも日本は世界一という評価が沢山あります。

（１）「国家イメージ」：日本は世界１位
米タイム誌が主要20カ国を対象に実施した「国家イメージ」に関する調査で、日本は2007年から４年連続で第１位に選ばれました。

（２）「行ってみて良かった都市」：東京が世界１位
トリップアドバイザーは、2012年に世界の主要40都市を訪問した７万5000人の旅行者を対象に、「旅行者による世界の都市調査」を行った。この調査は、その都市を訪問した際の体験をもとに、街の清潔さ、公共交通機関、タクシー運転手の親切さなど10項目を０～10点のスコアで評価してもらったもの。その結果、総合１位を獲得したのは「東京」でした。

（３）「人口１人当たりの富」：日本は世界１位
「リオ＋20」会議で国連環境計画（UNEP）における「包括富レポート2012」では、人口１人当たりの富は、日本が堂々の世界第１位でした。

（４）「対外資産総額」：日本は世界１位

1991年に対外純資産47兆円（1ドル140円〜160円）で世界一になって以後、バブル崩壊で日本経済が低迷しているにも拘らず円ベースで6倍、ドルベースでは11倍に膨れ上がり23年連続で世界最大の債権国となっています。

以上のように日本人は世界中の多くの方々から評価され尊敬されています。その意味で私たち日本人は日本人であることにもっと誇りをもって良いと思います。

5．日本人の役割

西欧文明の拡大は15世紀の大航海時代から始まりました。先ずポルトガルがアフリカ沿岸を次々と植民地化し、1498年ヴァスコ・ダ・ガマが初めてインドまでの航路を開拓しました。ポルトガルはさらにマレー半島・セイロン島にも侵略、1557年には中国マカオに要塞を築いて極東の拠点としました。
ポルトガルに遅れをとっていたスペインからは、コロンブスの船団が西に向けて出港し、1492年、西インド諸島のバハマに到着しました。コロンブスは翌年スペインに帰還して西回りインド航路を発見したと宣言しました。しかしコロンブスは5万人の原住民を餓死させています。
その後、スペインのフランシスコ・ピサロなどが中南米奥深くまで侵略し、インカやアステカを征服し、金銀をはじめ略奪の限りを尽くし、さらに原住民の虐殺を繰り返しました。ピサロに同行した従軍司祭ラス・カサスは「この40年間にキリスト教徒たちの暴虐的で極悪無慙な所業のために、男女、子供合わせて1200万人以上の現地人が殺された」と述べています。
2国に遅れて、オランダ、イギリス、フランスなどが、アジア・北米に進出し第2段階の植民地化政策を推進しました。西欧の白人たちは、当然の権利の如く、非白人の領土を侵略し、奪略

し、奴隷化し、夥しい数の虐殺を繰り返してきました。これら西欧諸国は多くを語ろうとしませんが、侵略、略奪、虐殺の歴史に血塗られているのです。真の世界リーダーになる資格があるのでしょうか？

日本は、19世紀末まで続いたこれら西欧人の植民地化圧力を自力で跳ね返した唯一の独立国です。当時の大帝国ロシアを日露戦争で打ち負かしました。日本海対馬沖の海戦でロシアのバルチック艦隊を壊滅させ、旅順港や203高地を殲滅し大勝利を得ました。
このことは日本人が認識するよりも遥かに大きな世界的・衝撃的ニュースでした。有色人種が初めて白人に勝利したのです。有色人種は決して白色人種に勝てない、という15世紀以降のヨーロッパ人による世界侵略の神話を完璧に覆しました。このことはアジアをはじめとする多くの国々が自信と勇気を持つ契機になりました。
そして第二次世界大戦後、これら植民地が次々と独立を果たしていきました。
日本人は世界の数ある民族の中で極めて重要な位置づけを果たしてきたのです。日本人は世界に対してもっと発言して良いのです。いや、発言すべきです。私はそう思います。

＜補足＞　日米戦争を起こしたのは誰か？

1941年12月、日本は真珠湾奇襲を行い、一方的に日米戦争を仕掛けたと考えている方々が多いと思います。しかし事実は大分異なります。
第31代アメリカ大統領フーバーの回顧録が数年前に発行されました。実は60年以上も前に書かれたものですが禁

書同様の扱いで日の目を見ることがなかった本です。1000ページにも及ぶ膨大な回顧録であり日本語版は現時点でまだ発行されていません。最近、英文版を基にした関連本『日米戦争を起こしたのは誰か──ルーズベルトの罪状・フーバー大統領回顧録を論ず』が出版されています。

同書は、日本は第32代ルーズベルト大統領によって意図的に、戦争せざるを得ない状況に仕向けられたと明言しています。石油禁輸や金融制裁などを行って日本を挑発し真珠湾を攻撃させたということです。事実上、アメリカが宣戦布告をしたのに等しいことになります。そして暗号を解読して事前に知っていた真珠湾攻撃情報を、ルーズベルト大統領は敢えて米軍には知らせませんでした。わざと損害を発生させてアメリカが参戦するための口実を作りたかったのです。

このことは以前から様々なルートで言われてきたことですが、同時代の政治に関わったフーバー大統領の回顧録となると重みが決定的に大きく、様々な傍証も多数記述されています。アメリカ自身が自らの歴史観を変えざるを得ない貴重な内容になっています。

戦後、東京裁判を指揮したマッカーサー司令官も、日本の戦争は侵略戦争ではなく自衛のための戦争であったと明確に証言しています。

アメリカは、広島、長崎の原爆投下で無実の一般市民を大量虐殺しただけでなく、それに先立つ1944年11月以降東京その他に対して100回以上に及ぶ無差別空襲を行いました。1945年3月の一晩の東京空襲だけでも10万人の一般市民を焼夷弾によって大量虐殺しました。戦時下とはいえアメリカも虐殺と謀略の歴史に血塗られているのです。

なお、アメリカは戦後の日本に対しても様々な謀略を行っ

てきました。日本人には戦争贖罪意識、自虐感を植え付け、日本の復活、再興を何としても抑え込もうとしてきました。また、韓国との慰安婦問題や竹島問題、中国との南京事件問題、ロシアとの北方四島問題などに関しても、敢えて明確な態度を明らかにせず、むしろ周辺国に日本を牽制させてきているようにさえ見えます。私はアメリカを恨め、責めろと言っているのではありません。現実を認識すべきと言っているだけです。さらに言えば、混迷を深めているこの現実世界を、アメリカ・西欧がリードして行く資格や、その精神的バックボーンがあるのか問いたいのです。

[5-3] 新しい価値観の醸成

1. 現代の価値観

価値観という言葉は広範な意味合いを含み、その内容は個人によって、集団によって様々に異なり、また時代によって変化します。現代文明における共通的・代表的な価値観はどのようなものでしょうか？

私は、物質的な豊かさ、すなわちお金や物の所有増加に価値が置かれてきたように感じています。多くの人が高収入を目指し、資産家を羨む心理を持っています。現代文明は、一言で言えば「物質偏重文明」であると言って過言ではないと思います。

私自身も子供のころ、時々でよいから美味しいものを食べたい、好きな本や物を手に入れたい、良い会社に入ってお金を稼ぎたい、財産を増やして良い生活をしたいと、馬車馬のように働いてきました。人生の半分以上は物質豊かさの追求でした。し

かし、物質的な豊かさを得られれば幸せになるかというと、必ずしもそうではありません。苦労して500万円の財産を作れば、いやまだ心配だ、2000万円、さらに5000万円、と上を目指します。人間の欲望には際限がありません。なかなか満足できません。

一方、物質的な豊かさの追求には限界があります。地球は有限だからです。物質文明の土台である、資源とエネルギーには限りがあります。既に人類は、遠い未来の子孫たちの分まで地下資源を掘り尽くそうとしています。地下資源は数十億年という気が遠くなるような長い時間をかけて少しずつ蓄積されてきた貴重な天然資源です。そして何処にでもあるわけではなく偏在しています。
それなのに新たな資源が発見されれば、目先の利益のために直ちに掘り尽そうとします。人類は未来の子孫に対して大罪を犯しているといっても言い過ぎではないと私は思っています。

今まで限られた先進国は物質文明を堪能できたかも知れません。しかしこの先、中国、インド、アジア、アフリカをはじめ全世界の百億人近い人々が同様な物質的豊かさを享受する余地はありません。資源争奪、領土拡大のために必ず紛争や戦争が頻発します。
中国が南シナ海、東シナ海で傍若無人の振舞いをしているのもそれが一因でしょう。そしてそのことが急速な地球の破壊に直結していきます。
先に見てきた国際的な諸難問を考えてみても現代社会は病んでいます。決して健康状態ではありません。病状は悪化の傾向にあります。

それではどうしたら良いのか？　具体的な妙案はありますで

しょうか？
私は何よりも価値観の大転換が必要と思います。西欧起源の物質的な豊かさ追及よりも、精神的な豊かさを重視する価値観に転換する必要があると考えています。といっても、物質的な豊かさを追求するなと言っているわけではありません。ほどほどにしましょう、それなりに平均化、平準化しましょうということです。
そもそも明治前までの日本では、物質偏重の価値観はありませんでした。秀吉の黄金の茶室・茶器などの僅かな例外はありますが、既に見てきたように多くの日本人は、質素ではあっても、楽しく豊かな生活を営み、立派な実績を残してきました。特に武士階級は、志、礼節、忠義、名誉、恥、誠、美意識など、「心」、「精神」を大事にしてきました。「武士は食わねど高楊枝」はその象徴かも知れません。

一方、現代の世界的大企業の社長の年俸は数十億円が普通ですし、著名なサッカー選手や野球選手の契約金や年俸も大差ないほどの驚くべき高額になっています。とても使い切れる金額ではありません。ところが低開発国では１日200円程度で辛うじて命をつないでいる多くの人々がいます。あまりにも格差が大き過ぎます。狂っています！！　これを少しでも平準化できれば、多くの悲惨な貧者を救うことができます。地球を救うこともできます。
2016年11月のアメリカ大統領選挙におけるトランプ現象も、この格差による不満が想像以上に拡がっていたことが大きな要因になっていると思われます。この格差を縮小するためにどうしたら良いのでしょうか？　革新的な対策案はほとんど出ていないのではないでしょうか？

私は発想の大転換が不可欠であると思っています。先ず、新し

い価値観を展開する必要があると考えます。年収が数億円、数十億円の高所得者はむしろ「恥ずかしい！」と感じるような新しい価値観を拡げることができれば世界が変化していく筈です。地球の破壊にもブレーキがかかる筈です。不可能ではありません。既に述べたように、日本の武士たちは「金儲けのような不名誉な行為」には関わろうとしませんでした。

驚くような高所得者の増加は、行き過ぎた現代資本主義、利己主義の歪みの結果であると考えられます。過度に物質的な豊かさを求める人々の価値観は遅れている、ズレている、気の毒な人と指摘できるような新しい価値観の醸成が望まれます。物質的ではなく、精神的な豊かさを重視する価値観を拡げる必要があります。

2．新しい価値観

前節で見てきたように、私たち日本人は自分では気付いていない数々の素晴らしいものを内に秘めています。それを一言で纏めれば「日本人特有の心」と言ってよいかと思います。お隣の中国では数千年にわたって絶えず王朝が交代し、しばしば虐殺が繰り返されてきました。日本では一度の王朝交代もなく、内部紛争による人口半減などもなく、比較的平穏に成長、繁栄してきました。その核心は「日本人特有の心」、すなわち「精神性を重視する価値観」であると考えられます。

それでは、「精神性を重視する価値観」とはどのようなものでしょうか？
その中核を一言で言えば、「和」を何よりも尊重する価値観です。少し拡げて、「和・真・善・美・律」を重視する価値観です。これらは「日本人特有の心」の基本でありエッセンスであると考えられます。1400年前に聖徳太子によって制定されたと言

われる「十七条憲法」でも、その筆頭は「和を以って貴しと為し」でした。

日本人の「精神性を重視する価値観」は、もちろん「和・真・善・美・律」だけではありません。一部を既に述べたように、「礼」、「誠」、「義」、「勇」、「仁」、「品」、「志」、「名誉」、「恥」など極めて多様であり、かつ深化しています。江戸時代、幕末、明治初期にかけての日本人の精神性は極めて高かったと思われます。
そのことが近代日本興隆の原動力になったと思われます。残念ながら現代の日本人は恐らくその多くを既に失っています。せめて基本のエッセンスである「和・真・善・美・律」だけでも復活させ、日本だけでなく世界に広め、地球レベルの様々な諸問題の解決に寄与し、世界全体を少しでもあるべき方向へ、平和の方向へ近づけたいと私は願っています。
なお、「真・善・美」は、既に古代ギリシャのプラトンの時代から「人間の目指すべき理想」として捉えられていますので、欧米人にとっても違和感は少ない筈です。「律」は日本人にとってはあらためて掲げる必要もありませんが、無法国家が跋扈していますので、敢えて加えています。

ある狭い地域に数家族が暮らしていたとします。その中で富者と貧者の格差が大きく乖離すると、互いに平穏ではいられません。貧者だけでなく富者であっても心の平和を妨げられます。日本人は何とかして互いの「和」を維持しようと努力します。物質的な豊かさよりも心の平穏を重視し、利他心をもって共に生きようとしてきました。その結果、地域も国全体も総じて永続的に発展してきました。歴史がその正しさを証明していると言えるのではないでしょうか。
西欧の多くの国々では、貧者は服従させられ、搾取され、場合

によっては奴隷として虐げられ、恨みの念を拡げることになりました。西欧的な個人主義、合理主義、利己主義、物質主義に基づいた植民地経営は、短期的な繁栄はもたらしても、決して永くは続きませんでした。次々と覇権を握ったポルトガル、スペイン、オランダ、イギリス、フランス、アメリカの繁栄もそれぞれ200年さえ続きませんでした。侵略的であり征服的であり、「和」の精神が希薄だったからだと考えられます。

西欧的な利己主義、物質主義は、一握りの成功者と多くの敗者を生じさせることになり、格差を増大させ、世界中のあちこちで混乱と紛争の原因を作り出し、地球環境を破壊し、既に破綻の直前まで来ていると考えられます。

私は先ず、「物質偏重の価値観」から、「精神性を重視する価値観」に転換していくべきと考えます。第1節で述べた地球規模の様々な問題点を根本的に解決するためには、先ずこの価値観の転換が不可欠です。そして、それが第2章でご説明した「大宇宙のしくみ」に沿った解決法であり、人類が目指すべき方向であると考えています。

3．「和・真・善・美・律」

「精神性を重視する価値観」の要点である「和・真・善・美・律」を個別にご説明していきます。

（1）「和」：　周囲との調和を何よりも大事にします

○エゴイズム、利己主義を抑えます。
○自己愛と同様に利他愛を大事にします。思いやりの気持ち、おもてなしの心も、ここから生まれ拡がります。

> ○他を排斥したり、おとしめたり、いじめたり、陰口を言ったり、支配しようと考えません。
> ○周囲にマイナス影響を与えるのでなく、プラス影響を与えるように努力します。
> ○自分がして欲しくないことは他に対しても行いません。
> ○組織においては、組織内の和、組織間の和、周囲との和、社会との和に注力します。
> ○独裁政治体制は「和」の精神から懸け離れていると考えます。
> ○「和」を無視して膨張主義を続ける国家は「悪」であり、紛争と悲劇の源であり、人類の平和と安寧の敵であると捉えます。

「和」は聖徳太子の時代から、いや遥かに古く縄文時代から大切にされてきた「日本の心」の底流であり核心部分であると考えられます。日本人が率先して「和」の価値観を拡げていくことが期待されます。日本人は明治以前に既に西欧人が羨む理想的な社会、国を作っていました。そのエッセンスを復元して、世界の大きな潮流にしていく必要があると考えます。

「和」の心が拡がると、周囲が穏やかになり、明るくなり「信頼」が強まります。「和」の心が拡がると、自分の存在を脅かす敵対関係の相手がいなくなり、精神的な安定感が増し、物質重視の価値観が次第に薄らいでいきます。子供のころから「和」の教育、躾をすることにより、いじめや非行が減少する筈です。

「和」の価値観が拡がったらそんなに変わるのか？　と思われるかも知れません。いや、静かにではあっても驚くほど大きく世の中が変化し得ると考えます。
例えば、北朝鮮は世界中の多くの国々と非良好関係にあります。

また北朝鮮国内においても、政府中枢は過半数の国民と非良好関係にあると考えられます。他の様々な観点から評価しても、北朝鮮政府の「和」の精神は最悪レベルであると評価されることになるでしょう。

適切な方法で「和」の観点から評価を行い、その結果を数値化または記号化して公表できれば、世界中がその評価を心に留めることになります。北朝鮮自身は当然反発するでしょうが、次第にそのことを「意識」せざるを得なくなる筈です。時間はかかるでしょうが内部から少しずつ変化していくことが期待できます。

同様に、世界中の国々の政府、組織、大企業などの行動、動きに関して「和」の観点から評価を行い、その結果を公表できれば、世界中が少しずつ良い方向へ変化する可能性が高まります。紛争や戦争が減り、理不尽な政治や事件が減少する可能性が高まります。

「和」の心が拡がると、物質重視の価値観が次第に変質していきます。利己的に自分だけが物質に固執するのは間違っていると気付くようになります。モノ、カネの獲得競争が次第にやわらぎ、結果的に自然破壊、地球温暖化、気候変動、海面上昇、ゴミ問題など地球環境の悪化に歯止めをかけられる可能性があります。

「和」は「心のあり方」ですから、基本的にはお金も物も必要としません。多くの人々が共鳴・協調できるかどうかの問題です。

（２）「真」： 真実を追求し、正義、信義、誠実を重視します

○何が真実なのか万象に対して真理を追究する努力を続けます。
○嘘・偽りを言わないようにします。
○真実を隠さないようにします。
○「真」に反する行動をしたら「恥じる」心を持ちます。
○組織においては、正義、信義、誠実を重視して周囲との信頼関係を深め、信用を拡げます。
○他者に対して嘘で固めた虚偽宣伝を行うことは最大の罪悪と考えます。

「真・善・美」は、ギリシャの哲学者プラトンの時代に既に「人間の目指すべき理想」として考えられていたようです。
世の中には、平気で嘘・偽りを口にする人々がいます。そのような国家さえあります。嘘をついてもその場を切り抜けられれば良い、捕まらなければ勝ちだと考える人々も多くいます。
中国の政府筋の会見、発表などでは、しばしば黒を白と平然と言い張る実例が多くあります。真実を記録した映像が公表されて明らかに事件の決着がついたのに、謝罪どころか相手を非難し続けたりします。また南京大虐殺のように、明らかな証拠がないのに旧日本軍によって30万人が虐殺されたと虚偽の情報を繰り返し発信して反日キャンペーンを続けています。

嘘・偽りによって人を騙すことができても「天」(「気の海」)は騙せません。「大宇宙のしくみ」から考えると、全てが「お見通し」です。人間には見つからなくても天は全てを知っています。自分の死後そのことに気付いて無知と恥ずかしさに苛まれることになるでしょう。
日本の武士道では、「誠」(真実、誠実を重視する。武士に二言なし)、「義」(不正・卑劣を戒める)、さらに「名誉」、「勇」、「礼」、

「仁」、「品格」などをとても大事にしました。

（3）「善」：　自分の周囲のために善いことをします

○周囲を思いやる気持ちをいつも持ちます。そして周囲のためになり周囲が喜ぶような善いことを行います。
○他者の善を尊重し評価し感謝します。
○モラル（倫理・道徳・良識）を大事にし、善に反することは行いません。
○組織においては、社会貢献、地域貢献、福祉向上に注力します。
○周囲にマイナス影響を与えるのでなく、プラス影響を与えるように努力します。
○自分がして欲しくないことは他に対しても行いません。

周囲を思いやる気持ちを持っていると、周囲からも同じ気持ちが還ってきます。作用・反作用の法則です。暗い夜にオレンジ色の電灯を灯すと周囲がオレンジ色に照らされ、青い色の電灯を灯すと周囲が青く見えるのに似ています。
善をなせば結果的に良いかたちで還ってくる可能性が高まります。悪をなせば何れは悪いかたちで還ってくる可能性があります。大宇宙にも作用・反作用の法則が生きています。
周囲を思いやる気持ちを持つためには、自分自身の心が穏やか、爽やかな状態であり、前向き積極的な気持ちになっている必要があります。エネルギー体が充実している必要があります。

(4)「美」： 美しい心・美しいものを大事にします

○自分の心から雑念や悪感情を洗い流して心を透明な状態に近づけ、心が穏やかで爽やかな状態を維持します。
○美しい心・美しいものを味わい、鑑賞し、共感し、感銘します。
○自分の周囲に美しいと思えるものを少しずつ増やし豊かな心を拡げていきます。
○自ら美しいもの（詩歌、音楽、絵画、工芸品など）を創作しようと努力します。
○飾り立てた虚飾の美ではなく、自然・純粋な美、簡潔・清明な美を大事にします。
○組織においては、環境対策、環境美化などに注力します。

周囲に美しい心・美しいものが多くなると、それが心の栄養になり、自らの心が和み、さらに心が豊かに元気になっていきます。そして幸せ感が拡がり、知らず知らずの内に気品が生じ、気高さを感じさせるようになっていきます。
「美」は文化・芸術の核心です。「美」の意識が拡がると心が穏やかになり、豊かになり、次第に世界が平和の方向へ向かっていきます。

(5)「律」： ルール、マナー、法律、国際法などを尊重します

○自らを律して、自分の損得よりも、ルール、マナーなど

> ○の順守を優先させます。
> ○モラル（倫理・道徳・良識）を大事にし、善悪の判断に関する感性を磨きます。
> ○利己的、独善的にルールを変えようとしません。
> ○善に反することは行いません。
> ○組織においては、ルール、マナー、法律、国際法などを遵守します。
> ○自分がして欲しくないことは他に対しても行いません。

私たち日本人にとって、ルール、マナー、法律、国際法などを尊重するのは当たり前であり、あらためて「律」など掲げる必要はありませんが、世界はそうでもありません。ユダヤ教やキリスト教の世界ではモーゼの十戒のように、殺すなかれ、盗むなかれ、姦淫するなかれ、など極めて基本的なことまで神に誓う世界のようです。

中国は、南シナ海領有権問題に関する仲裁裁判所の裁定を無視し続けています。核心的利益と称する自国の主張だけを繰り返し、自分に都合の悪い国際的裁定を無視する中国は、「律」の観点から最悪の評価を受けることになるでしょう。

「和・真・善・美・律」を尊重し実践する人には、「品格」が感じられるようになってくる筈です。「品格」とは、その人が身につけている品位、風格のことであり、節度や人徳や礼儀、気高さに富んでいる様子を言います。品格が備わっている人は周囲から尊敬の念をもたれ、また信用を得ることになるでしょう。そのような人は「大宇宙のしくみ」に沿った生き方をしている「理想的な人」に近いということができそうです。

「和・真・善・美・律」は、人間の生き方における基本的な指

針・目標と考えることができます。個人だけでなく、組織や国家も同様です。そのような人、組織、国家が増加すれば、世界は醜い利己的競争・紛争の時代から、和やかな調和、協調、共存、平和の時代に進化していくことと確信しています。

［5－4］新しい価値観の普及＜提案＞

1．新しい価値観の普及方法

「和・真・善・美・律」を重視する価値観を本当に拡げることができるでしょうか？
どうしたら、個人だけでなく集団や国家にまで新しい価値観を拡げることができるでしょうか？　世界的な混迷を深めている今この時代だからこそ私は可能であると考えています。

皆さんは「格付会社」をご存じのことと思います。海外では、ムーディーズ、スタンダード＆プアーズ（Ｓ＆Ｐ）、フィッチなど、国内では、日本格付研究所（ＪＣＲ）、格付投資情報センター（Ｒ＆Ｉ）などが良く知られています。格付会社は、金融商品・企業・政府などの信用力を一定の基準に基づいて分析・評価します。その結果は「Ａａａ」「ＢＢ」などの記号を用いて等級表示をします。定期的にあるいは経済変動などがあったとき、それぞれの格付会社が独自の評価結果を公表しています。
実はこの格付会社自体も企業であり株式会社です。でも、この結果は投資家が金融商品などの投資を行なう際に参考にされ、株価などに大きな影響力を持っています。もちろん、精度や公平性など幾多の問題点はあるかと思いますが、「格付会社」はそれなりの影響力を持っています。

同様に、新しい価値観「和・真・善・美・律」に関する「研究・広報・評価機関」を日本国内に設置することを提唱します。場所は日本国内に置くのが自然であると思います。京都・奈良などの古都が相応しいかも知れません。
「研究・広報・評価機関」の運営は政府とは切り離して、他との利害関係を持たない厳正に独立した機関であることが望まれます。評価メンバーの選定では世界中の賢人とも連携をとり、公正性を追求し偏向を極力排除します。
「研究・広報・評価機関」は定期的に、あるいは有事に、有力企業や各国政府の諸行動に対する「調和指数」（または「品格指数」：仮称）を公表します。一定の基準に則って新しい価値観「和・真・善・美・律」への適合度を分析し、分析結果を数値や記号などで解かり易く等級表示を行います。

2．研究・広報・評価機関の立ち上げ

私の提案は短期的なものを目指していません。5年、10年、いや30年、50年以上かかるかも知れません。たとえ時間がかかっても実現することができれば、人類の将来に明るい展望が見えてきます。具体的に研究・広報・評価機関を立ち上げ、評価結果を発表するまでには数々の困難が予想されます。でも決して不可能ではないと考えます。今世界が直面している様々な難問は、価値観の転換を図らない限り根本的な解決には至らないと確信しています。
その道筋はおよそ次のようになると考えています。

（1）新しい価値観の改善・確立
先ず、準備段階として、新しい価値観の展開に賛同される方々によって準備委員会を構成します。準備委員会は「和・真・善・美・律」を議論、検討して、世界に普及できる価値観として改

善すべき点を改善し、原案を作成します。そして具体的な評価方法や普及方法などを研究・検討します。

（2）新しい価値観の国内普及
準備委員会が作成した原案をもとにして、組織を拡充させ、新しい価値観の普及・浸透を図り、具体的な研究・広報・評価機関の立ち上げ準備に注力します。機関は、株式会社ではなく、公益法人、財団法人など利益追求から距離を置く形態が望ましいと思います。立ち上げ当初は、政界、財界などの力を借りるとしても、将来的には世界中の浄財を集めて独立運営することを目指します。

（3）研究・広報・評価機関の立ち上げ
実際に研究・広報・評価機関を立ち上げます。機関は、先ず新しい価値観「和・真・善・美・律」をさらにあらゆる角度から精査して、具体的な評価方法、表示方法、評価対象などを研究し、吟味し、確定します。
機関は、運営組織と評価組織とに大別します。運営組織は、新しい価値観「和・真・善・美・律」の考え方を絶えず研究し、日本中、世界中に広めることに注力し、様々な誤解に粘り強く対応します。そして適切な情報収集システムを構築します。
評価組織は、絶えず世界中の賢者に働きかけて、最適な人物を評価委員として選任します。そして評価ルールに基づいて評価を行います。当然ながら、評価ツールとして人工知能ＡＩを活用することになると思いますが、それらも踏まえて最終評価は人間が行います。
機関の仮称は、例えば「世界調和研究所」、「世界品格研究所」などがその目的をイメージし易いかも知れません。

（4）評価の実施・発表

実際の評価は、収集した情報を分析・研究して評価組織が慎重かつ厳正に実施します。評価対象は、先ず名だたる世界企業の行動から始めて、少しずつ対象を拡げていきます。そして各国政府に対する評価も順次公表していきます。評価は数カ月に一度、また有事に見直して更新します。

もっとも大事なことは、公平性、独立性、信頼性でしょう。そのため機関は、日本政府はもちろん他国政府とも切り離して、独立性を重視します。

評価は、企業の規模や利益を評価したり、政府の政策自体を評価したりするものではありません。あくまでも実際の行動を、新しい価値観「和・真・善・美・律」に照らし、その適合度を評価して「調和指数」(仮称) として公表します。

当然様々な反論、反発もあるでしょうが、注意深く、根気よく続けていくことにより、次第に考え方が理解されるようになっていくことと思います。何故なら、新しい価値観「和・真・善・美・律」は、数千年にわたって日本人の心の根底に流れている心のエッセンスだからです。そして「日本人の素晴らしさ」は、知る人ぞ知る、古今東西多くの外国人、文化人が既に認めています。

日本では一度の王朝交代もなく、内部紛争による人口半減などもなく、数千年の永きにわたって比較的平穏に発展、繁栄してきました。そのバックボーンは「日本人特有の心」、「精神性を重視する価値観」であったと考えられます。そのエッセンスが「和・真・善・美・律」ですから、外国人であっても知れば知るほど「なるほど！」と思えるようになると確信しています。それを拡げていくのが運営組織の重要な役割・業務になります。

ゆっくりと少しずつかも知れませんが、物質的豊かさを追求す

る従来の金・物の価値観から、「和」をはじめとする精神的な豊かさを追求する価値観に移行していけると思います。武力はもちろん莫大な資金も必要としません。世界中の浄財を集めて運用していける可能性もあります。

なお、新しい価値観を広げ深めていこうとすると、各国の政治体制、経済システム、宗教、文化的伝統などが強く関わってきます。最終的には、気が遠くなるような長い努力を続けて、これらまで変革していかないと、国際的な諸難問の真の解決には至らないと思われます。

＜蛇足＞　品格の喪失

このところ各国の大統領など国のトップの品格の低下が目立ちます。アメリカの大統領選挙では互いに相手を罵りあい傷付けあい国内を分断し、大統領の品格が地に墜ちています。ロシア大統領はサイバー攻撃でアメリカの大統領選挙に干渉し、イギリスのＥＵ離脱の国民投票にも干渉しています。外国訪問では約束時刻に大幅に遅刻し、相手国の正式晩餐会では毒殺を恐れて料理を口に運ぼうとしません。フィリピン大統領は裁判で裁くことなく数千人の国民を警察官に射殺させ、自らも殺人したことを公言しています。韓国の元女性大統領は外国訪問先のあちこちで日本の悪口を言いふらし陰口外交を続けてきました。

政策、政務の妥当性は別として、いずれも一国のトップとしては大幅に品格を欠いており、そのリーダーとしての資質低下は嘆かわしい限りです。人類の文明進化に逆行していると感じるのは私だけでしょうか。

何故このようなことになるのでしょうか？

> 私はこれまで述べてきたように、最終的には「物質偏重の現代文明」に起因すると考えています。世界規模の交流が進んで地球が相対的に小さくなると、必然的にモノ、カネを巡る競争が激化し紛争が発生します。それが精神的な退化、逆行につながるのです。
> 「物質偏重の文明」を「精神性を重視する文明」に変革しない限り、根本的な解決は無理であろうと思います。すなわち、せめて「和・真・善・美・律」を重視する価値観への転換が不可欠であると考えています。そしてそれが人類の進むべき道であると考えます。
> 明治以前の日本ではそれなりに実現できていたのですから決して不可能ではないと考えています。

[5-5] 基本システムの見直し

新しい価値観が認識され認められてもそれだけでは不十分です。世界を動かしている大きなシステムを変えていかなければ良い方向に廻っていきません。大きな基本システムとは、政治体制、経済体制、国連などの国際調整システム、宗教などです。

1．政治体制

政治体制には様々なスタイルがありますが、大別すると民主主義体制、独裁政治体制、専制政治体制に分けることもできます。国々の成り立ち、背景、事情によって様々な政治体制が取られていますが、外から見て明らかに改善すべき国々もあります。一握りの権力者によって、政敵や反対勢力が裁判もなく簡単に

抹殺されてしまう国々があります。明らかに「和」の精神に反しています。
国の発展途上期や大混乱期は、専制／独裁政治体制が効率的に機能する場合もありますが、長期的には無くしていく方向でしょう。発展途上段階を過ぎ10年以上も経過して、なお一党独裁体制を継続するのは良くないと思われます。国民大多数の幸福よりも党自体の存続・維持が目的になってしまうからです。国民の意見が反映できる民主主義体制に移行すべきでしょう。

それでは民主主義体制は正しいのでしょうか？　民主主義にも様々な問題、批判、改善点があるかと思います。また、間接民主主義か、直接民主主義か、ネット民主主義か、などなど個別の選択肢がたくさんあり得ます。古くて新しい問題－ポピュリズム、大衆迎合主義の問題もあります。
でも、ある大きな課題が発生したとき、国民の過半数の意見が反映されるのが基本でしょう。その意味で、現在のところ民主主義体制を軸にして、その改善・普及を行っていくことが現実的ではないかと思われます。各国の政治体制は、「和」を中心とする価値観に基づいて評価されるべきと考えます。

ある大きな国が、隣国または一地域を併合する、あるいは占領する場合を考えてみます。併合される側の住民の過半数が賛成であればともかく、過半数が反対の場合、大きな側でなく、小さな側の意思が尊重されるべきです。ひとつの国が周囲を飲み込んで大きく膨張しようとする行為は、基本的に「和」に反し、「悪」と考えます。内部の不満、訴訟、暴動などが増加して「不幸の総和」が増大するのが常だからです。

＜蛇足＞

> 大きな国、強い国のエゴに基づく侵略行動が、小さな側を「征服」し、多くの悲惨な犠牲者を生み出してきました。中国は第二次大戦後、「チベット」や「ウイグル」を併合し虐殺を繰り返してきました。中国は南シナ海の行動に関する国際仲裁裁判の結果さえも無視し続けています。
> 中国国内においてさえ日常茶飯事のように、様々な問題や不公正により訴訟と暴動が頻発しています。中国政府は明らかに「和」の精神に逆行しています。中国は悲惨な悲劇の「創造者」であることに何の恥じらいも見せず、さらに膨張しようとしています。
> 「評価・広報・研究機関」は中国の様々な問題に対して「和」の精神に基づいた評価を厳正に行い、全世界に周知させるべきでしょう。北朝鮮に対しても同様です。

2．経済システム

現代の主要な経済システムは、資本主義経済システムであり、欧米諸国や日本をはじめ多くの国々で採用されています。預貯金などのおカネが集積した「資本」が自立的に流動して増殖しようとすることにより、生産・流通・販売などをはじめ社会全体を特徴づける経済システムです。
他に、中国の社会主義市場経済システム、旧共産圏における社会主義計画経済システムなどもありました。

資本主義経済システムには大きな問題があります。「資本の論理」が前面に出過ぎて独り歩きしてしまい、「和」の価値観から遠いところを浮遊しています。本来、人間に幸せをもたらすべき「資本」が、不幸な人々を大量に産み出す原因になっています。

資本主義における会社経営の第一義は、株主のために株価を上昇させ短期間で収益を上げることであり、資本家の利益が何よりも優先されます。また、ある人はコンピュータの前に座ったままで、画面から大量の株式や為替などを売買して一瞬にして莫大な利益を得ようとします。

本来は、額に汗して働いた労働の対価によって生活の糧を得るのが経済の基本の筈ですね。現代の経済実態はあまりにも乖離し過ぎており、現代資本主義は既に破綻しかかっていると言っても過言ではないと思われます。何故なら、資本主義においては「資本」を増やすことが何よりも大事であり、そのために経済成長が不可欠です。しかし16世紀以降、経済開発のためのフロンティアが次々と開発され、20世紀末において既に新規成長のための開発余地がなくなってきました。地球は有限であり、資源も有限ですから当然であり、根本的、抜本的な見直しが必要と思われます。

また、多くの資本主義国では、個人や企業に「所有権」を認めており、このことが、持つ者と持たざる者の乖離を助長し、社会階層化の大きな原因になっているとも考えられます。無制限の自由が様々な問題を引き起こしています。

昭和以前の「日本型経営」では、終身雇用制を柱として、会社全体が一つの家族のような、従業員を重視した温かい経営が行われました。社員ひとりひとりの愛社精神が高揚して、結果として業績が向上し企業自体の永続性も高まりました。そして戦後日本の経済成長の原動力になってきました。当時の過半数の日本人が「中流意識」を持っており、一億総中流社会とも呼ばれました。

今は残念ながら、良いものが急速に壊されつつあり、結果として雇用環境が大幅に悪化し、貧困層が驚くほど増加しています。

その結果、格差が大幅に拡大して社会不安のタネになっています。何時からこんなことになってしまったのでしょうか？　欧米主導による市場原理主義、経済グローバル化の急速な進展あたりからではないでしょうか？

> ### ＜補足＞　市場原理主義
>
> 資本主義経済の中で、経済活動を「市場原理」に委ねる経済政策を「市場原理主義経済」と呼びます。政府の介入を可能な限り排除して、市場の自由な活動に委ねることによって、もっとも効率の良い経済運営ができると市場原理主義者は主張します。
> しかし、全てを市場原理に委ねれば、強い者（資本家）はより強くなり、弱い者は虐げられて、不公正がさらに拡大します。そこでそれらを抑制する「修正資本主義」が拡がりました。その反動として今度は、規制緩和、民営化、減税を軸として、小さな政府を主張する「新自由主義経済」が拡がり、その過程で経済のグローバル化が急速に拡大してきました。
> その結果、経済面から見ると国境の境界線が無くなり、「国際金融資本」や「巨大化した多国籍企業」の利己的活動によって、国家や民衆が多大な悪影響を受けています。それどころか、グローバル化を先導したアメリカ自身が、格差の拡大に伴って中流階級が疲弊し、結果としてトランプ現象を引き起こす結果を招いています。
> 先鋭化した市場原理主義経済や経済グローバル化は、利己的な「強者の論理」が前面に出過ぎてしまっています。これらがもたらす、格差や貧困、経済不安定化、地球環境破壊などを抑制する必要があり、これらに対して合理的な制

限を設けるべきと思います。さらには、強欲資本主義から脱却すべきと考えます。

3．経済のグローバル化

情報通信の発達、金融の規制緩和などが相まって、「情報、モノ、人、カネ」が自国にとどまらず、地球規模で流動することをグローバル化といいます。グローバル化にはメリットとデメリットがあります。メリットとしては例えば、海外との交流が盛んになり、商品を安く買えたり、低コストで商品を海外生産したり、また広大な市場を開拓することなどが可能になります。
一方、デメリットは、海外製品を安く買ったり海外生産した分だけ、国内生産、雇用が減少し、給与が下がり、格差が拡大し、伝統文化が次第に破壊されていきます。今、アメリカをはじめ世界各国で様々な不満が噴出して政治情勢が不安定化しています。その要因の一つは、このデメリットに由来していると考えられます。

グローバル化しなければ経済は発展しないのでしょうか？　そんなことはありません。日本の江戸時代は、鎖国政策によって外国とのモノ、カネ、人の交流はありませんでした。それでも、国内で全てを生産、流通、消費、リサイクルして経済が活性化し、政治的にも安定し、様々な文化・芸術が花開きました。当時の江戸は、世界最大の人口を持つ安定し繁栄した大都会でした。正に「大江戸」でした。もちろん私は鎖国せよ、江戸時代に戻せと言っているわけではありません。

＜補足1＞　国際金融資本

> 経済のグローバル化は、実は「国際金融資本」が主導してきたものと思われます。国際金融資本の代表格は、ロンドン・シティー（英国金融街）や米国ウォールストリートの銀行家たちであり、その多くはユダヤ系です。彼らは莫大な資金と情報操作によって世界の金融支配を進めています。
> しばしば株価操作をして莫大な利益を手に入れます。さらに世論操作をして戦争まで誘導し、テロ集団にさえ資金を流します。利益のためには政府の中に人を送り込んで政策まで操作しようとします。
> その目的はグループの支配力拡大による世界経済支配であり、人類の幸福や文化の発展、社会的公正、地球環境の改善などは二の次、三の次であり、極めて利己的、エゴイスティック、モンスター的な行動を続けてきているように見えます。
> 既にアメリカをはじめ多くの国々の経済が「国際金融資本」に牛耳られています。アメリカの背後には、その経済を支配・操作する「国際金融資本」が隠然たる力を発揮しています。「国際金融資本」に牛耳られたアメリカ・イギリスが、その意のままに経済のグローバル化を主導してきた結果、アメリカ自身が経済・社会的に疲弊してしまったと考えられます。

「和」の価値観を基本に据えた新しい経済システムを模索・研究すべきと思います。「自分さえ良ければそれで良い」という利己的な経済活動は短期的には維持できてもいずれ破綻します。
「自分だけでなく他も共に繁栄する」ことを根本に据え、目先の利益よりも長期の信用を重視する基本姿勢が何よりも大事で

す。これがないと永続的な維持・発展は困難でしょう。
日本では実際に数百年以上前から行なわれてきたのですから、決して不可能ではないと考えます。
例えば、「信用第一」、「足るを知る」、「損して得取れ」などはその基本的概念です。また、近江(おうみ)商人の心得として伝えられてきた「三方良し」、すなわち「売り手良し、買い手良し、世間良し」の概念は、売り手、買い手はもちろん、社会全体に寄与することを良しとするものであり、正に共栄を志向した素晴らしい実践哲学であると思います。

グローバル化、特にカネ、人、モノに関する経済のグローバル化は深刻な問題点を抱えています。個人主義、合理主義に立脚する欧米流の経済システムは今明らかに限界にきています。当面、経済のグローバル化をさらに推し進めたい「国際金融資本」と、それに対抗する各国の「ナショナリズム」との対立が続くものと考えられます。しかし最終的には、「国際金融資本」に「和」の精神、共存・共栄の理念を理解させないと解決できないのではと私は考えています。

<補足2> シェアリングエコノミー（共有型経済）

シェアリングエコノミー（共有型経済）とは、インターネットやソーシャルメディアの発達によって可能になった共有・交換システムであり、欧米を中心にして急速に活発化してきています。
対象は、個人が持つモノ、サービス、お金等であり、資産を「所有」することよりも「使用」、「共用」することに重点を置きます。使用者にとってコスト削減や利便性といったメリットがあるだけではなく、社会全体として資源の効

率化を図れる大きな利点があります。
代表的な例として、カーシェアリング、オフィス空間や宿泊施設などのシェアリングがあります。また金融におけるクラウド・ファウンディングや、労働環境におけるコワーキングなど、さらにオークションやネット・マーケットにおける余剰品、不要品の販売などもシェアリングエコノミーの身近な例です。
各シェリングの中の参加者同士で情報交換や懇親、社交が図れる場合もあり、これからも広がりそうです。
一方、設備・インフラを必ずしも多くは必要としないため、自動車、建物、設備など新たな需要が減ることになり、関連企業にとっては対応策が必要でしょう。
また「フィンテック（FinTech）」もシェアリングエコノミーの一分野であり今後の発展が予想されます。フィンテックとは、ファイナンスとテクノロジーを組み合わせた造語であり、ＩＴ技術を使った新たな金融サービスです。最近では金融ＩＴ分野のベンチャー企業をフィンテックと呼ぶこともあります。
今後のキーワードとして「シェアリング」の動向に注目する必要がありそうです。

＜補足３＞　宗教について

世界的な混迷の要因の一つに宗教問題があります。宗教問題は根深く複雑過ぎてとても踏み込めませんが、一つだけ挙げるとすると、その宗教が生まれた時代性、地域性、特殊性の問題があります。必ずしも世界全体、人類全体の幸福を俯瞰して作られた宗教ばかりではありません。
イスラム教にしても、キリスト教にしても、ユダヤ教にしても、その成立時の特殊な環境、事情が大きく影響してい

ると思われます。当時の世界観は狭く限定的であり、また荒野や砂漠など厳しい環境下に生まれたのですからやむを得ない面があります。そのことが宗教間や、宗派間の対立、紛争の遠因になっているようにも思われます。

宗教に限りませんが、ある狭い範囲だけを考えた解決案は、より広い範囲まで考慮した解決案には及びません。「気の海」の中で、モハメットやキリストの「意識」が、「もう少し視野を拡げるべきだった！」と反省しているのかも知れません。

世界が大きく一つにつながった現代においては、宗教も「和」の精神と寛容の精神をさらに拡大し、全ての人類が平和に幸福に生きられるように変革を模索すべきかと思います。

[5-6] 日本が模索すべきこと＜理想論＞

ここから先は、私の理想論です。しかし決して不可能ではないと考えます。「和・真・善・美・律」の価値観が日本、世界に浸透すればそれに沿う形で、時間はかかっても実現できると考えます。夢物語にもう少しだけお付き合いくださいませ。

（1）「格差是正基金」と「富裕税」： 格差対策

「和」と「善」の精神に基づき、多額な財産を寄付する人は尊敬され、巨額財産を継続私有する人には疑問符が付けられるような、新たな考え方の普及を目指します。たくさん持っている人が富者ではなく、他者にたくさん与えることのできる人が「真の富者」であり、持っていても与えることができない人は、実

は心の貧者であると考えます。
具体的には「格差是正基金」と「富裕税」を創設します。カネ・モノはあの世へ持っていくことはできませんから。
例えば、年俸3000万円以上の高所得者、あるいは数億円以上の高額資産家に対して、その余剰金を自発的に「格差是正基金」に寄付するように促します。また自発的に寄付を行わない富者に対しては、例えば最大80％の「富裕税」を課税します。「格差是正基金」への寄付と「富裕税」は、貧者の最低保証と再チャレンジのために活用します。
「格差是正基金」では毎年、高額寄付者、高額納税者、高額所得者、高額資産家などを公表します。富者は自らの意思に基づいて、従来ベースの慈善団体などに寄付をするか、「格差是正基金」へ寄付をするか、「富裕税」を納税するか選択することになります。企業に対しても同様に考えます。

（2）「過密地域税」：　過密・過疎対策

都市部、特に東京周辺に人口が集中し、地方は過疎化が急激に進行しています。過疎化にともない地方での高齢化と荒廃が進んでいます。一方都会では、待機児童の増加に代表される過密問題が深刻です。
この過密と過疎問題、そして人口減少問題を早期に解決するために、「過密地域税」の創設を検討すべきと思います。「過密地域税」は、地方または外国から過密地域に異動する際に一定期間徴収されます。もともと過密地域に住んでいる住民にも住民税に上乗せされて相応の「過密地域税」が課税されます。
「過密地域税」によって得られる財源は、過密地における雇用創出、起業支援、子育て世代の優遇策、保育・教育環境の整備など、過疎地の魅力を引き上げて、過疎地への人口流入を促すために活用します。そして人口増加のための施策にも使用します。

（3）所有の制限：　格差対策、安全保障対策

様々な競争・紛争の根源は、個人や企業が「財産」などの「所有権」を持つことができるからであると思われます。私有できれば、少しでも増やしたいというのが人間の本能でしょう。したがって「所有権」に制約を設ける必要があると考えます。

「土地」は、本来国民の共有資産であり、国家のものであると考え、基本的には個人や企業は私有できないことにすべきと思います。個人や企業には「借用権」しか与えないことになります。現実にそのような国家も少なくないと思います。

今、日本中に「空き家」が増加しています。世帯交代などによって生ずる無人の家が近隣の環境問題になっています。住む人が居ない家・土地の所有権を国家に戻すことにより、環境問題や財政改善につなげることができます。もちろん憲法改正を含む大改革になりますが。

今、密かに日本のあちこちの土地が外国資本に買収されつつあります。これを悪用されないという保証はありません。気が付いた時は既に手遅れかも知れません。安全保障上からも極めて憂慮されます。

この考え方を世界に拡張すると、地球上の全ての陸地も海洋も地下資源も、国家のものではなく、人類の共有資産であると考えることになります。そして次節の「地球回復税」につながっていきます。

（4）生涯現役：　労働力不足対策

人口減に伴い若い労働力の不足が深刻化しています。会社の定年は平均して60歳前後ですが、多くの場合、健康でさえあれば70歳以上まで十分に働けます。経験・知識が豊富な熟年者を活用しないのは極めて勿体ないと思います。定年退職後も生き生きと働ける場が用意されれば、熟年者の健康が維持され、健康寿命が延び、生きがいを取り戻すことにもつながります。

地域ごとに「シルバー人材センター」などが設置されて熟年者の一部が既に働いていますが、国レベルで熟年者を広範に活用するシステムを作っていくべきと思います。熟年者の能力の幅はとても広く、頭脳労働はもとより、筋肉労働を好む熟年者も少なくないと思われます。今や、ロボットスーツを着用すれば力仕事でさえ楽々できます。幼児の保育分野で、保母ならぬ保爺・保婆もあり得ます。子供たちと遊ぶことさえ社会貢献になります。政府からの補助金を適切に按分できれば、生涯現役の熟年者が増え、労働力不足対策の一助になると思われます。

［5－7］世界に関して模索すべきこと＜超理想論＞

超理想論ではありますが、「和・真・善・美・律」の考え方が世界に広まり尊重されていけば決して不可能ではないと考えます。逆に価値観の転換が行われなければ、根本的な難問はほとんど何も解決されないのではないでしょうか。

（1）国連の大改革：　紛争対策、地球環境対策

現在の国連は、重要な改革は何もできていないと言っても過言ではありません。その元凶は安全保障常任理事国、すなわち、米・英・仏・露・中の五カ国です。一国でも反対すれば何も決めることができません。したがってこれを改革しなければ何も変わりません。

この改革は簡単ではありません。五カ国は頑強に抵抗を試みるでしょう。しかし不可能ではありません。「和」の精神が世界中に普及していけば、改革の方向に進展する筈です。そもそも70年以上前の第二次世界大戦の戦勝国が、未だに権利をむさぼっているのは、五カ国のエゴそのものであり、世界をリード

する資格は全くないと考えます。
「あまりにも恥ずかし過ぎる米・英・仏・露・中の五カ国！」を世界中にアピールすれば次第に変わっていく可能性があると考えます。

（2）「不満」の総和を最小にする：　紛争対策

一つの国の中で、民族や宗教や言語などが入り組んでいることが良くあります。ある地域に独立機運が高まったとき、その地域の過半数が独立志向である場合は、認める方向で話し合うべきでしょう。国の側から見れば、国の領土が小さくなり権益も失われるので、従来の価値観からすれば独立反対が数の上では多数を占めます。しかしそれでは「不満」は減りません。それが紛争・内戦の引き金になってしまいます。

国全体としての意向ではなく、当該地域の意向が優先されるべきです。当該地域の「不満」の総和を最小にすることを志向すべきです。それが「和」を尊重する考えであり、それに頑なに反対、拒否する国家は、「和」に関する評価が大幅に低下することになります。

（3）「膨張国家は悪である」：　資源収奪対策、紛争対策

大きな国家ほど内部不満が大きくなる筈です。内部の「不満」の総和を最小にすることを考えると、大きな国家は存続が困難になる筈です。したがって「国が大きいことは良くないことだ！」、「膨張志向の国は悪である」という価値観を普及させる必要があります。

中国内部では現状でさえ様々な不平不満が噴出し、陳情が頻発し、暴動が日常茶飯に起きています。その結果、「力」で鎮圧しようとし、不満と恨みと悲劇が拡大しています。その上さらに、台湾、南シナ海、東シナ海、沖縄、西太平洋にまで領域を増やそうとしています。この場合、「和」に関する評価結果が

大きなマイナスになり、不名誉な評価になります。

（4）「地球回復税」：　地球環境悪化対策
地球上の全ての陸地も海洋も地下資源も、国家のものではなく、本来は人類の共有資産であると考えます。その考えに立った場合、各国は、国内、領域内の管理を行い、その面積・人口などに応じて「地球回復税」を支払って世界でプールする制度を作ります。「地球回復税」は国連その他の世界機関が管理して、地球環境の改善・維持や、増加する難民対策などに資するものとします。大きな国土と大きな人口は、国力の源泉であると同時に、莫大な「地球回復税」を支払うという相克になります。いたずらに領土を拡大しようとする意欲が削がれ、結果として悲劇と紛争が減少する筈です。

（5）「経済のグローバル化」への合理的制約：　格差対策
先鋭化した資本主義や行き過ぎた経済のグローバル化は、格差や貧困、経済不安定化などをもたらします。これを抑制するために、何がしかの合理的制限を設ける必要があります。
先ず、「経済のグローバル化」が人々の幸福に寄与しているのか厳密に吟味する必要があります。巨利を貪っているのは、主として国際金融資本を中心とする一部の勢力・資本家や、モンスター的な巨大多国籍企業だけではないのか、十分に検証する必要があります。
そして国境を越えるカネ、人、モノの流れに対して、何らかの合理的制約を設けるべきと思います。関税を一律に撤廃したら、一般論として強者だけが利益を独占し、他は敗者となり地域の独自性などが全く生かされなくなり、不幸の総和が最大化していきます。
いずれは「和」の精神に基づき、より多くの人々が恩恵を受けられるような共栄型の経済システムに変えていくべきと思いま

す。

「和」の精神の普及は、ゆっくりですが世界を変革する「力」を持っていると思われませんでしょうか？　それとも他に、もっと効果的な良案がありますでしょうか？
武力や強権政治などのハードパワーよりも、精神的な向上を目指すソフトパワーの力はより大きいと考えます。

［5－8］資本主義経済から「調和主義経済」への転換

現代資本主義は18世紀の産業革命から始まったと考えられます。その中心的概念は、利潤追求、資本蓄積、私的所有、賃金労働、競争市場などであり、競争原理によって拡大してきました。しかし相対的に地球が狭くなって開発すべきフロンティアが無くなった現代では、拡大の余地も無くなり、格差拡大や利害衝突など弊害ばかりが目立つようになっています。おカネの増殖を主眼にしてきた強欲資本主義は終焉に近づいていると考えられます。

経済だけでなく、西欧起源の様々な考え方の多くは、人類が本来進むべき方向と異なるものが少なくないと思います。既に5－2節でも簡単に記したように、例えば個人主義、利己主義に立脚して、絶えず競争し、富を独占しようとし、戦争して他民族を支配し、そして大自然まで征服しようとしてきました。
その結果、世界中で多くの弊害、不平等、不幸、悲劇を量産してきました。これらを軌道修正するためには、「和・真・善・美・律」の価値観が世界に浸透していく必要があります。

今、資本主義に代わる新たな経済システムへの転換が必要と思います。
浅学のため現段階で具体的なしくみ・構想を提案することはできませんが、一言で言えば「調和主義経済システム」であり、基本的には下記を志向すべきと思います。

◎世界規模で極端な富裕層と極端な貧困層をなくし富の平準化を志向する
◎物資的豊かさよりも精神的豊かさを志向する
◎「和・真・善・美・律」の精神を重視する
◎大自然との共生を重視する
◎利己だけでなく利他も重視する
◎成長率重視の競争型経済でなく、安定重視の共存共栄型経済を志向する
◎国民性、地域性を尊重し、多様な文化、伝統を妨げない
◎世界レベルでの無理な均質化、共通化は避ける
◎土地、海域、資源の私有、国有を制限して、地球レベルでの共有化を志向する
◎日本型経営を核として発展・進化を志向する

なお、日本型経営の核とは、「信用第一」、「正直・倹約・勤勉」、「足るを知る」、「損して得取れ」、「社会貢献」、「三方良し」など日本人が長きにわたって築いてきた実践哲学を指しています。
上記が軌道に乗れば「物質偏重の現代文明」が具体的に軌道修正されていく筈です。ただし、その前提として、「和・真・善・美・律」の価値観が世界に浸透している必要があります。

なお新経済システム理論を構築し具体的に煮詰めていくためには、相当程度の時間と努力が必要ですし、実際の移行も数段階

を経てソフトランディングさせる必要があります。
当面は現状の行き過ぎた市場原理主義、グローバル化などを制限してその弊害を少しでも抑えるべきであり、先ず下記が必要であると考えます。

○資本の透明化（租税回避やマネーロンダリングの撲滅）
○資本の国際間移動の合理的制限
○投機資本の国際間移動の禁止
○国際金融資本、巨大多国籍企業の活動制限
○所有権の合理的制限（土地、文化財、高額資産などの国有化検討）

[5-9] 新しい価値観と大宇宙のしくみ

「大宇宙のしくみ」に関する私の仮説（第2章）では、大宇宙は「気の海」そのものです。そして「気の海」は全ての物質、非物質の「ゆりかご」であると述べてきました。
「ゆりかご」は赤ちゃんを優しく育てる場であり、穏やかで和やかな、調和のとれた空間に包まれている筈です。決して争いや憎しみや破壊を助長するための空間ではありません。「気の海」は「愛」の拡がる空間であると考えられます。

私たちの宇宙は、138億年前に「気の海」の中に誕生し、今なお成長・発展を続けています。そしてこの地球上において、様々な生物が発生して次々と進化、発展してきました。実際には他天体や隕石の衝突その他様々な要因により、多くの種が絶滅を繰り返してきました。
しかし生き残ったものが再びたくましく進化、発展して現在の

ような多様な生物が繁栄してきています。そしてごく最近になって私たち人類が誕生しました。この大宇宙において生命体は本質的に「進化」し、「発展」し、「多様化」する性質をもっていると考えられます。

そして全ての生物そして人類は、穏やかで和やかな「気の海」に包まれ、見守られ、育てられてきていると考えることができます。誰に見守られ、育てられているのでしょうか？ それは「気の海」の中の無数の「意識」であり「心」です。
「気の海」は「根源のエネルギー」で満たされた高次元の空間であり、その振動が「意識」や「心」です。この地球上で生まれ、生きてきた全ての生物の「意識」は、高次元の性質によって、死後も「気の海」に残っています。すなわち「気の海」は身体を持たない無数の「意識」で満ち満ちています。このことに納得できない方もおられると思いますが、視野を拡げて探求すればするほど、そのように考えるのが自然であると思えるようになる筈です。

そしてこれらの無数の「意識」は、地球上の「生きている生物」に関心を持って、見守っていると考えられます。私たちの死後に「意識」が残ると仮定した場合、私たちの死後の「意識」は何に関心を示すでしょうか？ 恐らく、自分の子や孫や大事な人たちのその後を見守りたいのではないでしょうか？ 「気の海」の中の無数の「意識」は、地球上の生物を見守り、思いやる性質を持っているのです。そして地球上の生物だけでなく、「気の海」の中の他の「意識」をも、お互いに思いやり、同質の「意識」は次第に統合され昇華されていくと類推できます。すなわち「気の海」の中の「意識」は、自己だけでなく、他者を互いに思いやる「意識」、共存・共栄の「意識」、調和を大事にする「意識」で満たされています。「気の海」は大きな「愛

の海」でもあるのです。そのことによって、宇宙や生命が成長、発展してきたと考えることができます。

古代から日本人とその先祖はそのことを直観していたと思われます。そして大自然の森羅万象に神を感じ敬ってきました。「天」や「お天道様」という言葉はその表現の一部でしょう。日本人は古くから「宇宙のしくみ」に対する感性を持ち、そのことを精神性の中心においていたのです。だからこそ物質面よりも「和の精神」を何よりも重視し、「真・善・美・律」の心を育み、「精神的な豊かさ」を大事にしてきました。その結果、世界に類を見ない永続的な発展を成し遂げ、特徴ある文化を築いてきたと考えることができます。
私が提唱している「新しい価値観」すなわち「精神性を重視する価値観」は、第２章でご説明した「大宇宙のしくみ」に沿っているのです。そして人類が目指すべき方向に一致していると考えます。

第6章　宇宙のしくみを活かす生き方

[6-1] 幸福とは？

1. 幸せな国「ブータン」

ヒマラヤの小国ブータンのワンチュク国王と王妃が度々来日し、また日本の皇族もブータンを訪問していますのでご存じの方も多いかと思いますが、ブータンは世界一幸せな国として有名です。
ブータン政府の国政調査で「あなたは今幸せか？」という問いに対して、国民の45％が「とても幸福」、52％が「幸福」と答えています。すなわち国民の97％が幸せであると感じています。ただしこの調査では「どちらでもない」がないため、上振れしているとも言われていますが、それでも素晴らしいと思いませんでしょうか？

ブータンでは、「国民全体の幸福度」を示す"尺度"として、「国民総幸福量」（ＧＮＨ：Gross National Happiness）という指標を掲げています。国民総幸福量は、精神面での豊かさを数値として表し、国民の社会・文化生活を国際社会の中で評価・比較・考察することを目標としています。1972年、当時の国王ジグミ・シンゲ・ワンチュクの提唱で、初めて国内調査され、以後、国の政策に活用されています。
一般的に普通の国が使用している国民総生産（ＧＮＰ：Gross National Product）や国内総生産（ＧＤＰ：Gross Domestic Product）が、物質主義的な「豊かさ」に注目し、その国の国民生活を「金額」として数値化しているのに対して全く異なった考え方です。

「国民総幸福量」（ＧＮＨ）は、1．心理的幸福、2．健康、3．

教育、4．文化、5．環境、6．コミュニティー、7．良い統治、8．生活水準、9．自分の時間の使い方の9つを構成要素として数値化しています。

心理的幸福感には様々な感情が関係します。正の感情では 1．寛容、2．満足、3．慈愛。負の感情では 1．怒り、2．不満、3．嫉妬などを重視します。これらを心に抱いた頻度を地域別に調査し、国民の感情を示す地図を作成することにより、どの地域のどんな立場の人が怒っているか、満足し慈愛に満ちているのか、一目でわかるようです。

精神的な豊かさを求めるブータンの幸福に対する考え方は、その背景や経緯もあるかと思いますが、物質偏重の世界に大きな問題提起を投げかけていると思われます。

なお、ブータン王国、通称ブータンは、北は中国、南はインドと国境を接しています。民族はチベット系8割、ネパール系2割。公用語はゾンカ語。首都はティンプー。宗教はチベット仏教のカギュ派が主であり、遺伝子タイプは日本人の遺伝子タイプととても近いようです。

<補足>

「幸福」に関する指標は他にもあります。
例えば、「地球幸福度指数」(The Happy Planet Index)は、イギリスの環境保護団体が紹介した、国民の満足度や環境への負荷などから「国の幸福度」を計る指標です。
また、イギリスの社会心理学者エイドリアン・ホワイトは、国別の幸福度を健康、富、そして教育の観点から抽出し、世界幸福度指数(Satisfaction with Life Index：人生満足指数)を算出し、「世界幸福地図」(World map of

> happiness）として地図化しています。
> 関連する指標として他にも、教育指数、人間開発指数、平和度指数、民主主義指数、国家ブランド指数、世界寄付指数など様々な指数が発表されています。

2．「幸福」の研究

（1）ハーバード大学80年間の研究結果
米国ハーバード大学では「人を幸せにするものは何か？」というテーマで長年研究が続けられてきました。研究は1938年に開始されてから80年間にわたって続けられています。世界に存在する最も長期的な研究のうちの一つであり、さまざまな研究結果が報告されています。
仕事、結婚、育児、離婚、戦争、老後といった人生の場面ごとの追跡調査をはじめ、あらゆる要素から幅広い分野で調査、研究が行われました。
この研究を30年以上指揮しているジョージ・ヴァイラントさんは、老年における幸福、健康、暖かな人間関係の3つが大きく相関していると述べています。また幼年期に母親と良好な関係で過ごしたことはその後の人生に好影響を与えており、長期にわたる母親との関係の暖かさが重要であると述べています。
2000万ドル（約20億円）をかけた長年の研究によって様々な研究結果が出ていますが、「人間の幸福」という観点で導き出せるのは、非常にシンプルな結論のようです。「幸福とは愛です。それ以上の何物でもありません」とヴァイラントさんは語っています。

（2）最近の日本での調査
2017年1月に「あなたは今幸せですか？」と尋ねる民放テレ

ビ番組が放映されました。その調査では8割以上の回答者が幸せであると回答していました。その要素は様々ありますが、大きな事柄は2つに絞られます。

一つは仕事や趣味に没頭できていること、すなわち、打ち込むべきものを持っていることがとても大事です。もう一つは、家族や仲間と良好な人間関係が構築出来ていること、広く言えば、愛のある生活が重要であるという結論になるようです。

両方とも「心」の状態そのものです。

3．愛とは何か？

愛とは何でしょうか？　夫婦愛、親子愛、友人愛、恋人との愛、いろいろな愛があります。さらに、隣人愛、自然愛、地球愛まで拡げることもできます。

共通的には、慈しむ心、いたわりの心、大事なものとして慕う心、唯一無二の存在だと感じて大切に思う気持ちなどが愛と呼ばれるようです。

もっとも純粋で解かり易い愛は、母親の子供に対する愛ではないでしょうか。相手の全てを認め、自分の全てを与え、相手の成長と幸せを願う無償の愛、これが愛の原点ではないかと思います。

愛は相手に対して最良かつ最大のプラスエネルギーを与えます。人間は、両親や家族や周囲からたっぷりと愛のエネルギーを受け取って成長し、また相手や周囲に対して愛を与えることにより人間らしく生きることができます。そしてそれが幸福につながるのです。そのことが前記2つの研究・調査でも明らかになっていると考えられます。

愛は、こころ、意識の働きですが、エネルギー的に考えると次のようになります。愛とは、相手に対して良いエネルギーを流

し、エネルギー的に相手とつながり、相手と融和・融合しようとする働きと言えます。

繰り返し述べていますが、大宇宙は「気の海」そのものです。そして「気の海」は、全ての物質、非物質、心、意識、いのちの「ゆりかご」であると述べました。「ゆりかご」は赤ちゃんを優しく育てる場であり、穏やかで和やかな、調和のとれた空間に包まれています。「気の海」は「愛」が拡がる空間なのです。親が子を愛し慈しむのは、大宇宙のしくみに沿った愛の働きによっているのです。子以外の相手に対しても同様です。

4．幸せとは何か？

（1）もっともっとと思わない

物質的豊かさは、幸せのひとつかも知れません。しかし物質や持って生まれた資質などに対する欲望には際限がありません。もっと裕福な家に生まれたかった、もっと頭脳明晰で生まれたかった、もっと美しい容姿・容貌を得たかった、そうしたらもっと幸せになれたのに！

少しの不運を嘆き、叶わぬ夢を見ている人も少なからずおられるでしょう。しかし、もっと、もっと、と思う気持ちは幸せを遠ざけるように思います。

「足るを知る者は富む」という老子の言葉があります。満足することを知っている者は、心豊かに生きることができると老子は説いています。例えば、自分の希望する仕事に就けない人から見れば、一流会社でバリバリ働いている人が羨ましく見えますが、逆に仕事に忙殺されている人は「拘束されない自由」を持つ人が羨ましい。独身の人からみれば、妻子のある家庭生活が羨ましく見えますが、既婚者から見れば、お金や時間が自由になる独身生活が羨ましい！

すなわち、常に自分の外側ばかり見て"自分にないもの"を求めていると、次から次へと欲が出てきてしまいます。「もっと」、「まだ足りない」と、際限がありません。足るを知ることができないということは、満たされることがないということです。常に不満が残るので、心穏やかに生きることができなくなってしまいます。

豊かさとは、「どれだけ多くのものをもっているか」ではなく、如何にして幸せを感じられるかということになりそうです。

(2) 精神的豊かさ、人とのつながり

では、本当の幸せとは何でしょうか。

人から愛されたり、慕われたり、評価されたり、尊敬されたりすると誰でも嬉しく感じ気持ちが良くなります。心が穏やかになり、豊かになり、ウキウキします。幸せだと感じます。そして満足感を得ることができます。

幸せとは心の働きです。幸せは、物質的豊かさよりも、精神的豊かさによってより多くもたらされます。もちろん、物質的豊かさを否定するつもりはありません。最低限の物質的なものも必要でしょう。

しかし物質的に不足があっても、心が豊かであれば、幸せを感じることができます。本当の幸せとは、物質的豊かさではなく、精神的豊かさによって感じられるのではないでしょうか？

精神的豊かさとは、人とのつながりの豊かさと言っても良いでしょう。家族をはじめ、沢山の友人と良い人間関係を持ち、仕事においても良好な人間関係を保てれば心は豊かになります。逆に、1人でも2人でも人間関係が壊れると幸せを感じにくくなってしまいます。

人とのつながりと言いましたが、つながりは人に限定されません。愛するペットでも良いし、亡くなった夫、妻、子の「意識」すなわち「霊」でも良いし、大自然でも、あるいはご自分の神

様でも良いのです。

（3）幸せを感じる

仮に、物質的豊かさを手に入れても、あるいは人から愛されたり、評価されたりして、精神的豊かさを手に入れても、もっと、と求める気持ちが強ければ幸せを感じることはできないでしょう。幸せとは、求めるものではなく、感じるものと考えた方が良さそうです。

ほんのささやかなことで、例えば、朝さわやかに起床できた、好きなコーヒーを美味しく頂けた、今日一日無事に過ごすことができた、それだけで幸せを感じることができれば良いですね。あるいは、自分は常に大自然に包まれている、大自然に見守られていると思うことができて、それだけで幸せを感じることができれば素晴らしいですね。

（4）こだわりを減らす

幸せを感じることができるために何が必要でしょうか？

モノ、カネ、人、名誉などへのこだわりを減らすことが大事でしょう。こだわりを減らし執着心を小さくすることができれば、それだけで心が穏やかになるのではないでしょうか。

心が穏やかになると、自然に心に余裕ができてきます。自分の心に余裕ができると、他人に優しくなれます。他人に優しくできると、その人から感謝され、評価され、ますます心に余裕が生まれます。周囲の人々に「愛」を拡げると、周囲から「愛」が返ってきます。

ただし、こだわりを減らし執着心を小さくすることは簡単ではありません。努力と工夫が必要でしょう。呼吸法、気功、瞑想などが役立つと思います。

（5）心身の健康

もう一つ大事なことがあります。普段は忘れていることが多いのですが「心身の健康」です。何でも美味しく食べられ、良く動き、良く寝て、仕事や趣味に意欲的に取り組むことができれば、それが何よりも幸せではないでしょうか？

もし心身に問題があれば、たとえ精神的・物質的に豊かに感じられる要素があったとしても心から幸せを感じることはできないでしょう。「心身の健康」は幸せの基本要素です。

既に述べたように、「良質な食事」、「適切な運動」、「休養と睡眠」そして「健康に良い生活習慣」（タバコ、過度の飲酒、栄養過多、過度の疲労・ストレス蓄積、日焼けなどを避ける）が「健康の基礎」です。

しかし、それだけでは不十分です。生命力、免疫力を高めることが極めて重要です。生命力、免疫力が高まれば、全ての細胞が元気はつらつと活動して、個々の細胞本来の機能が維持され、からだの「防御システム」も有効に機能します。

簡単に病気にかかることがなくなり、ガンさえ予防することができます。そのために、呼吸法、気功、太極拳、自力整体などをご紹介してきました。

これらは「根源のエネルギー」＝「気」、そして「意識」の働きを、健康面で活用するための方法論です。「気」、「意識」は生命体の根本であり、それらの働きを上手に活用するのが「宇宙のしくみを活かす健康法」であると捉えています。（第3章、第4章を参照）

＜補足＞　貧しい人とは？

南米ウルグアイのホセ・ムヒカ前大統領が2016年4月に来日されました。マスコミで大きく報道されたのでご存じ

の方も多いと思います。ムヒカ前大統領は2010年～2015年の５年間ウルグアイ大統領に就任し、世界一貧しい大統領と呼ばれる一方、様々なスピーチを通して世界中の人々に大きな感銘を与えてきました。

ムヒカ前大統領の来日第一声は「日本の若者たちは今幸せですか？」と問いかけました。米国コロンビア大学が発表した「世界幸福度ランキング2016」で、世界157国中、日本の幸福度ランクは53位でした。

１位はデンマーク、２位はスイス、以下、アイスランド、ノルウェー、フィンランド……、アメリカは13位、イギリスは22位、ウルグアイは29位でした。世界第３位の経済大国なのに日本のランクが53位とは低いですね。

ムヒカ氏は、富は幸福をもたらさないと断言しています。貧しい人とは、「富を持っていない人のことでなく、富を沢山持っていても満足しない人」のことをいうと言っています。その通りではないでしょうか。

［６−２］日本人の心の特徴

１．日本人が大事にする心

（１）もののあわれ

第５章で述べた通り明治初期までの日本人は総じて、純朴、謙虚、律儀、質素、おおらか、穏やか、開けっぴろげ、勤勉などの気質を持っていました。一方、内面的には、大自然の移ろいに対する情緒的な感情を大事にしてきました。平安時代の「もののあわれ」という感性はその代表かも知れません。

「もののあわれ」とは、しみじみとした情趣や、無常観的な哀愁であり、日本文化の美意識の一つの柱になっています。平安末から鎌倉初期の歌人で、自然を愛し諸国を放浪した「西行」は、「もののあわれ」の感動から幽玄の境地を拓き、東洋的な「虚空」、「無」の世界へと結び付けています。
また江戸時代後期の国学者「本居宣長」は、「源氏物語」に流れる心的共通要素を「もののあはれをしる」という一語に集約、凝縮させました。そして「もののあはれをしる」ことは同時に人の心を知ることであると説き、人間の心に対しての深い洞察力を重視しました。
日本の伝統文化は"感性と情緒"を基にして築かれています。

(2) わび、さび、
私も会社時代に数年間ほど茶道を習ったことがありますが、「わび・さび」について自信をもって説明することはできません。そこで茶人・木村宗慎さんが述べている説明を拝借して、以下に簡単に記してみます。

＜わび・さびは、「侘しさ」と「寂しさ」を表す日本語に、より観念的で美的な意味合いを加えた概念です。わびとさびはよく混同されますが、両者の意味は異なります。「さび」は、見た目の美しさについての言葉です。この世のものは、経年変化によって、さびれたり、汚れたり、欠けたりします。
一般的には劣化とみなされますが、逆に、その変化が織りなす、多様で独特な美しさをさびといいます。一方、わびは、さびれや汚れを受け入れ、楽しもうとするポジティブな心についての言葉です。つまり、さびの美しさを見出す心がわびです＞

様々なものが自然に朽ち果てていく様子にまで日本人は「美」を発見してきました。さびが表面的な美しさだとすれば、わび

は内面的な豊かさ。両者は表裏一体の価値観だからこそ、わび・さびと、よくセットで語られるようです。欧米の美意識とは大分異なりますね。日本人が世界でますます活躍するためには、こうした日本特有の美意識についての知識が重要になりそうです。

（3）武士道精神
旧5000円札に肖像が印刷された新渡戸稲造は、武士道は「武士の掟」すなわち「高き身分の者に伴う義務（ノーブレス・オブリージュ）」であると述べています。その中核は「義、勇、仁、礼、誠、名誉、忠義」の7つの精神からなる道徳です。
武士は、美しく死ぬために、生きました。武士にとって、生き甲斐と死に甲斐は表裏一体でした。未練を断ち切って思い切る、決断をする、それが「いさぎよさ」となり、武士以外の一般人にも共感されました。何がそのように行動させるのか、志なのか、義なのか、愛なのか、理想のためなのか、それが大事にされました。
結果ではなく「心の有り様」が大事であり、「何が美しいか」が重視されました。武士道精神、いさぎよさは、一般の日本人の心底にも流れ、重要な美意識の一つになってきました。

（4）恥ずかしくない生き方
上記は貴族や文化人や武士などの美意識と言えますが、一般人はどのような「心」を大事にしていたのでしょうか。
武士以外の一般人であっても、できれば「美しく生きたい」、少なくても「恥ずかしくない生き方をしたい」と考える人が多かったと思われます。
日本には「世間様（せけんさま）」という言葉がありました。そんな事をしたら「世間様」に笑われるとよく言われました。「世間様」から後ろ指を指されたくないとも言いました。「世間様」とは、自

分の周囲の不特定多数の人々を総称しています。
また「お天道様(てんとうさま)」という言葉がありました。「お天道様が見てるよ」、「お天道様に恥ずかしくないように」とよく言われました。「お天道様」の第一義は太陽そのものですが、天空から余すことなく見下ろしている存在、すなわち神を表わしていると思われます。
誰に見られても恥ずかしくない生き方を日本人は目指していました。見つからなければ良い、捕まらなければ何をしても良いと考える国とは大違いですね。日本人は凄いですね！

２．日本人の死生観

古代から日本人は死後の世界を考えていたようです。「あの世」という言葉がそれです。
もちろん人によって、「そんなものはない。死んだらそれまで」と考える人もおられたと思います。しかし多くの人々は、「この世」の外側に「あの世」があり、自分の死後は「あの世」で先祖の霊と一緒に暮らすことになると考えました。
日本人は「間もなくお迎えが来る」、「まだお迎えが来ない」などと言います。「あの世」は怖いところではなく、むしろ幸せを感じられる安寧な天国であり、神の仲間になると考えたようです。
しかも「この世」と「あの世」は交流可能であり、とても近い関係にあると考えました。今でも日本各地で行われている迎え盆、送り盆や様々な祭礼はもちろんですが、日常において仏壇や神棚に拝礼する行為は、「この世」の人間と「あの世」の霊や神とが交流を行なっていることになります。
また人間だけでなく全ての生物も、死後は「あの世」で暮らすことになり、「八百万の神」という概念に発展していきます。「あの世」は、私の仮説の「気の海」とほとんど同じですね！　古

代日本人の直観力、洞察力は凄いと思います。

[6-3] 大宇宙のしくみと生命

人が死んだ後、全てが「無」になるのか、あるいは何かが残って存続を続けるのか、様々な考えがあり人類最大の謎とも言われています。
「生命」、「死」などに関しては、第2章［2-2］大宇宙のしくみ（概説）の［仮説C］などを中心にして既にご説明しています。しかし、宇宙の本質的な部分であり抽象的で解かり難い部分でもありますので、もう少し噛み砕いて、批判を恐れずに比喩、推察も交えて解かり易い説明を試みようと思います。

1. 基本的なしくみ

繰り返しの説明で恐縮ですが、大宇宙のしくみの要点を簡単にまとめます。

（1）大宇宙は「根源のエネルギー」で満たされており、それを「気の海」と呼んでいます。「気の海」の中には無数の様々な振動、流れ、動きがあります。振動は、その振動形態によって様々な意味（情報）を持つので、それを「心」や「意識」と呼んでいます。人間や生物が生きている間に抱く現在進行形の「意識」も当然含まれますが、既に亡くなった人間や生物の過去の膨大な「意識」も含まれます。何故なら、「気の海」は高次元空間に属しているので、その振動は消えずに残るからです。

（2）一方、大宇宙の中には多くの「サブ宇宙」が浮かんでい

ます。138億年前に誕生した私たちの宇宙もその一つであり、姿・形を持つ無数の物質を包含しています。すなわち物質宇宙です。物質は、姿・形を持つため3次元空間と時間の制約を受けます。

（3）人間は肉体を持つため、3次元空間と時間の制約を受けます。しかし「意識」は物質ではなく振動ですから、高次元空間の中に拡がり、物質としての制約を受けません。すなわち、人間の「意識」は高次元空間に所属し、肉体は3次元空間に所属する高度複合体です。生命に関する不思議の根源はこの複雑さにあるのです。

（4）「意識」には、感覚、感情、想い、思考など様々なものが含まれ、これらは生命の特徴でもあります。「気の海」にはそれらが無数に振動しているのですから、「気の海」は正に生命で満ち溢れているということになります。ただし、肉体を持つ生物だけでなく、肉体を持たない「意識体」（既に亡くなった人間や生物の「意識」など）が「気の海」の中で多く活動していると考えられます。

2．生と死

人間や生物は肉体を持つため物質宇宙に生まれることになります。その時「気の海」の中の、ある一つの「意識」（の核）が肉体（受精卵など）と結び付けられます。その際同時に、種固有の「生命エネルギー」が肉体と意識を融合して「生」を生じさせ、新たな「意識」を生じさせます。
肉体は物質界の親から生まれますが、「意識」は親の意識とは別の「意識」（の核）が結びつきます。したがって、両親の意識と子の意識は基本的には別であり、別人格になると考えられ

ます。生きている間「意識」は物質界において成長を続けます。そして一生を終えると、肉体は崩壊しますが「意識」は「気の海」に残存し続けます。

すなわち、「死」は単に肉体との別れに過ぎず、「意識」は死後も「意識体」として残存し続けます。そして次の機会に別の肉体と結び付いて別の一生を過ごし、さらに成長する可能性があります。

「意識」は消えないのです。何故消えないのか？ それは「気の海」が高次元空間に拡がっているので、高次元の性質によって消えないのです。

インターネットに情報を載せると、完全に削除しない限りその情報は残り続けますね。インターネット空間には新旧織り交ぜて膨大な情報がひしめいています。「気の海」とインターネット空間はその性質がよく似ています。「気の海」に生じた「意識」は消えないのです。

＜補足＞ 2種類の生命体

生命体には2種類あります。肉体を持つ「生物」と、肉体を持たない「意識体」です。生物の活動舞台は物質界であり、意識体の活動舞台は「気の海」です。数量的には、肉体を持たない「意識体」が圧倒的に多数です。「霊」や「神」と呼ばれる「意識」もその仲間です。

それでは何故2つの活動舞台があるのでしょうか？

物質界には時間があるため、原因と結果が時間でつながり、因果関係が明確化されます。したがって様々な活動結果が明らかになり、成長過程も一目瞭然になります。

一方、「気の海」は意識・情報だけの世界であり、明確な姿・形・変化がありません。高次元のため、時間や空間の

> 概念が無く、あるいは変質しているため、成長過程や結果が明確になり難いからではないかと考えられます。
> 成長・発展を明らかにするためには、それが明確化できる物質界が便利なようです。

3．晴れ舞台、特設ステージ

「気の海」は無数の意識体で満ち満ちています。一方、人間や生物が住める物質界は、地球など極めて限定されています。広大な宇宙には、他にも生物の住める惑星、衛星などが存在する筈ですが、それでも極めて限られています。地球など物質界は、生命体にとって言わば「晴れ舞台」あるいはスポットライトが当たった「特設ステージ」であると考えることができます。

私たちは、この地球上で「生」を受け一生を過ごします。私たちは、煌々とスポットライトが当たった「特設ステージ」の上で生まれ、活動し、一生を終えて舞台を降り、再び見えない「意識体」の世界に戻っていくと考えることができます。そして絶えず新しい登場人物が「特設ステージ」に現れては消えていきます。

「特設ステージ」すなわち物質界は、生命体が目に見える活動を行うための「晴れ舞台」であり、貴重な「生」の証しの「場」と考えることができます。

4．観客

それでは「特設ステージ」を見守る「観客」は誰でしょうか？
それは「気の海」の無数の「意識体」です。
私たちは、物質界で生きている間、ずーっとこれら膨大な数の「意識体」に見守られていると考えられます。見えない「意識体」

たちが皆、「特設ステージ」上の私たちの一挙手一投足を見つめて鑑賞、評価、研究しているのかも知れません。
そして一生を終えて舞台を降りたとき、私たちは再び見えない「意識体」となって、今度は見守る立場に変わります。見守る立場になった時、「意識体」は何に関心を持つでしょうか？
多くの場合、生きていた時の自分の子供や孫や家族・友人たちのその後ではないでしょうか？
晴れ舞台と観客の間では、共鳴・共感によって想いがつながることがあり得ます。すなわち想いが実現したり、祈りが叶うことに、共鳴・共感が大きく関わると考えられます。

5．大宇宙のしくみから解かること

もし、以上の大宇宙のしくみを肯定することができれば、生き方が変わってきますね。そして何となく以下が理解できてくるのではないでしょうか。

（1）死を恐れる必要はない
死によって、生命体は「見えるからだ」を切り離し、以後は「見えない意識体」として生き続けます。したがって死を恐れる必要はないのです。むしろ取り扱い厄介な肉体が無くなって自由気ままな意識生活が続くことになりそうです。肉体を維持するために食物を探し、そのために競争し、辛い労働をする必要もありません。その意味では「天国」と言えるかも知れません。
人間は肉体だけの存在と考えてしまうと無意識的に「死への恐怖」が生じ、人生観も狭くなりがちになり、発展性、成長性が損なわれ易いと思われます。

（2）見守られている
この地球上で「生」を受け一生を過ごしている間、私たちは無

数の意識体から見守られています。見つからなければ何をやっても良いという考えは狭量でとても恥ずかしい考えであることになります。「特設ステージ」を降りて見守る立場に変わったときに、我が身を振り返って「冷や汗」がでないようにしたいものです。

（3）試そう、成長しようとする
親から新たな肉体が誕生するとき、それを見守っていた一つの「意識」（の核）がその肉体と結び付きます。観客席の「意識」は常々、自分に足らないものを探し、何がしかを試そう、成長しようとして、それに相応しい機会、環境を探しているようです。
「晴れ舞台」に立つ「意識」は自ら成長しようとして、自発的に地球上の肉体を選んで「生」を得ようとするのかも知れません。

（4）この世とあの世
物質界の「特設ステージ」がいわゆる「この世」であり、「気の海」が「あの世」に相当します。「この世」と「あの世」は別々にあるのではなく同時に存在します。このことは、日本人の死生観と似ていますね。
「この世」は3次元空間であり、「あの世」は高次元空間で次元が異なりますが、相互に影響しあいます。3次元空間は高次元空間に包まれているからです。
太陽が輝いている昼間は、満天の星空を見ることができません。「特設ステージ」は煌々とライトアップされているので、美しい星空、すなわち「気の海」の意識たちを見ることができないと考えると解かり易いかも知れませんね。見えないけれども美しい星空、「気の海」すなわち「あの世」は存在するのです。

(5)「気の海」と「晴れ舞台」の循環

意識体は「気の海」と「晴れ舞台」の間を循環する性質を持つようです。1回あることは複数回あり得ます。すなわち、いわゆる「輪廻転生」があり得ることになります。

「気の海」には無数の「意識体」が存在しており、その一つが新たな肉体と結び付いて「特設ステージ」に降り立つと、新たな生命体が生まれることになります。それが繰り返されることを「輪廻転生」と呼んでいます。

6．生と死に関する様々な考え

人間や生物の生死に関しては、古来より様々な考えがあります。その中のごく一部を簡単にご紹介します。

(1) 輪廻転生

「輪廻」は車輪がぐるぐると回転し続けるように、人が何度も生死を繰り返すこと。「転生」は生まれ変わることを意味します。古今東西を問わず、そのように考える方々が多くいます。一方否定する方々も多くいます。ヒンドゥー教や仏教などインド哲学・東洋思想において顕著ですが、古代のエジプトやギリシャ（ピタゴラス、プラトン）など世界の各地で信じられてきました。近代以降も輪廻転生を調査、研究した実例や報告書が多数あり、それらを全て迷信と片付けて否定することは難しそうです。

(2) 四有（しう）

四有は輪廻転生の1サイクルを4つに分ける仏教思想です。心の働きや感情を持つものを有情（うじょう）といいます。生きているものの総称として使われています。この有情が輪廻転生するとき、その1サイクルのなかでの存在状態を4つに分けたものが四有です。なお、有とは生存のこと、ものが存在する状態です。

生有(しょうう)……生を受けた瞬間。生まれる一刹那。
本有(ほんぬ)……生有から死ぬまで＝現在の生存。
死有(しう)……死の瞬間＝臨終。死ぬときの一刹那。
中有(ちゅうう)……死んでから次の生を受けるまで＝死有と生有の中間。

（3）チベット死者の書
いわゆるチベット死者の書は、チベット仏教ニンマ派の経典であり、この書をはじめて西洋世界に紹介した人類学者W.Y.エヴァンス・ヴェンツが「チベットの死者の書」と呼びました。深層心理学者カール・ユングがこれを絶賛して以来、欧米にも広く知られるようになりました。また近年では欧米の臨死体験研究者から、その体験談との一致が多く確認され、改めて注目されています。

チベットではラマ僧が、臨終を向かえた人の枕元でこの教典を読み聞かせる習慣があります。チベット死者の書では死後49日間バルドゥと呼ばれる生と死の中間的世界（中有）にとどまるとされています。このバルドゥには3段階あるとされ、次の生への転生方法や、輪廻転生から解脱するにはどうしたら良いかなどが説かれています。

（4）スピリチュアリズム
皆さん、スピリチュアル、スピリチュアリスト、スピリチュアリズム、などの言葉に接したことがあるかと思います。スピリチュアルとは、英語の「精神的な」、「霊的な」という意味の形容詞です。

スピリチュアリストとは、「精神的な」、「霊的な」ものを感じ易く、また理解できる人であり、特定の「意識」とつながり情報交換を行うことができる能力を持った方です。日本にも多数の著書を発行しているスピリチュアリストや、ＴＶ番組に出演している方々が多くおられます。

なお、スピリチュアリストの能力は人によって大分異なります。自らの「意識」を通して対象の「意識」と共感するので、人によって共感内容の相違や得手不得手が発生するのはやむを得ない面があります。私も何人かのスピリチュアリストと対面したことがありますが、その様子の一部を拙著『ガンにならない歩き方』の中で紹介しています。

スピリチュアリズムとは、「精神的な」、「霊的な」ものを研究、理解し、それを人生に生かそうとする考え方であり古代から種々あります。近代スピリチュアリズムは19世紀中頃から米欧で調査・研究が進められてきており、一言で言えば、死後の世界を肯定し、人は霊的成長（魂の成長）を目指すべきという一種の思想・哲学と言って良いかも知れません。

[6-4] どのように生きるべきか？

1．人生の目的は？

私たち人間はこの地球上においてどのように生きたらよいのでしょうか？ 人それぞれ様々な生き方がありますね。そもそも人間は、何のためにこの地上に生まれてくるのでしょうか？その目的は何でしょうか？

もし、前節の「大宇宙のしくみと生命」を肯定することができれば、「気の海」の中の「意識体」が地上の肉体とつながり、この世に生まれてくることになります。その時の「意識体」の目的、意図はケースバイケースでいろいろあると思われます。

「気の海」の中の「意識体」たちは「特設ステージ」上の様々な人生を眺め、感心し、泣き、笑い、感動し、学び、研究して

います。そして、自分がもし地上に生まれることができたら、こんなことを試してみたい、自分のこんな欠点を改善したい、こんな方向に成長したい、などと様々な思いを抱いて眺めていることでしょう。

実際に生まれるときは、それらの中から課題を絞って「この世」に生まれてくることになるのではないでしょうか。もし何の目的もなく、ただブラブラと遊んで暮らしたいというのであれば、多分地上行きの切符を手に入れられないのかも知れません。

多くの人は、生まれる際にそれなりの目的を持って生まれてくるように思われます。人生の目的、意味はその人によって異なるのです。

2．段階と成長

人間は様々です。いろいろな人間がいます。汝盗むなかれ！ 汝殺すなかれ！ など基本的教訓が必要な人間がいます。ひたすら蓄財して悦に入るエゴ丸出し人間がいます。一方、マザーテレサのように他者のための愛に生きる聖人もいます。宇宙のしくみを解き明かそうとする人間がいます。人間の本質とは何かを思索する人もいます。

小学生は小学生として学ぶべきことを学び、中学生、高校生、大学生それぞれの段階で学ぶべきことを学びます。

同様に「気の海」の意識体たちも様々です。一様ではないと考えられます。その成長の度合いによって様々な意識レベルにあると思われます。それぞれのレベルによって、段階によって試すべきこと、学ぶべきことが異なって当然ですね。だから、地上に生まれるときの人生の目的も様々であると考えられます。

3．目指すべき方向

しかし基本的には、成長し発展していく方向を目指すべきと思います。何故なら、宇宙そのものが成長し発展しているのですから、そこに住む生命体も成長していくのが自然だからです。決して人類の築いてきた文明を逆行させたり破滅に向かわせてはならないのです。
生まれる際に抱いていた人生の目的も、基本的には成長、発展の方向の筈であり、生まれた後はそれに従って成長していくのが自然と思われます。

しかし、人間は生まれたとき、ゼロの状態、何の知識も記憶もない状態からスタートします。そして成長し、成人になっても、自分の本来の人生の目的を理解できている人は必ずしも多くないと思われます。現実に、生活の糧を求めて四苦八苦している状態では、人生の目的を見つけるのはなかなか難しいですね。生活がそれなりに安定し、人生の来し方を振り返る余裕がでてきたときに、これで良かったのか、他にやるべきことがあったのではないか、など想いを巡らすようになるのかも知れません。また、今の生き方では駄目ですよ、生き方を変えなさいと、「気の海」の「意識」から示唆を受けたり、警告を受けたり、強制的に今の生き方を中断されるケースがあるかも知れません。実は私の場合は、このケースであったと思っています。脊椎管狭窄症が段階的に悪化し、最終的には仕事一辺倒の猛烈社員生活を変えざるを得なくなりました。そして視野を拡げて「宇宙のしくみ」を様々な角度から探求するようになり、結果的に重症の症状を軽減することができました。
もちろん、若いころから自分のやりたいことを自覚して、それに向かって一直線に邁進する方々も少なからずおられると思います。

一方、人間以外の生物ではどうでしょうか？ 単細胞生物、植

物、動物たちは、生まれる目的などを考える能力は無さそうに見えます。本能に従って、生まれ、成長し、生殖し、死んでいきます。各個体そのものは何の思索も行わないように見えます。人間も何も考えずにただ本能の趣くままに生きるのであれば他の生物と大差ないことになります。それで良いのでしょうか？それが悪いとは言い切れませんね。人それぞれ様々ですから。

人間が本来の人生の目的に気付くための方法論があります。それは第3章で一部をご説明した「呼吸法、気功、瞑想」、そして「調心」です。もちろん、2度、3度試したくらいでは無理ですが、継続していると次第に「気の海」の意識体と共鳴、共感し、つながり易くなります。そして何かに気付いたり、ヒントが浮かんできたり、示唆を受けることが多くなります。
既にご説明した「宇宙のしくみを活かす健康法」は、単なる健康増進だけでなく、より良い人生を生きるための気付きを得る方法論でもあるのです。だからこそお奨めしています。

4．人間の使命

単細胞生物、植物、動物たちは、各個体レベルでは思索を行わなくても、種全体としては極めて高度な知性を有しています。生き残りをかけて様々な模索をし、高度な戦略を練ったりしています。だからこそ様々な環境変化に対応して驚くような変化を遂げ、進化していくことができます。
その主体は、種を代表する「意識体」であり、私はそれを「生物創造の神」と呼んでいます。「神」と言っても専門化した「意識体」の一種に過ぎません。もちろん、姿、形はありません。既に述べた「抗生物質と多剤耐性菌の関係」がそれを如実に物語っています。

生物たちは、各個体レベルでは思索を行わなくても、「生物創造の神」がしっかり思索を行っているのです。その関係は、「個」と「全」の関係になります。各個体は「個」であり、種を代表する「意識体」すなわち「生物創造の神」は「全」です。「個」と「全」が一体となって、その「種」を維持、発展、進化させていくのです。ただし「個」は3次元空間の制約を受けますが、「全」は高次元空間に拡がるので、「個」の立場で「全」を認識し理解することはできないのです。
人間の場合も、人間という種を代表する「意識体」、すなわち「人間創造の神」がおられる筈です。将来、仮に環境の大激変が生じた場合は、「人間創造の神」はあらゆる手立てを尽くして人間を変化させ進化させようと動き出すと考えられます。

人間の場合は他の生物と異なり、各個体が知性を持ち、思索を行います。宇宙のしくみに想いを馳せ、人間の本質にまで迫ろうとします。人間はこの点で他の生物とは大きく異なります。犬や猫はもちろん、チンパンジーでさえ、物を作り、本を著し、文明、文化を発展させることはできません。この地球上では人間だけがその能力を持っています。
人間は、人間だけのことを考えるのでなく、他の生物や、その舞台である地球環境そのものに「意識」を拡げるべき存在であるように思われます。それが「人間の使命」かも知れません。そのように考えると、人間は成長し進化しなければなりません。

「成長・進化」とは、「和」を尊重し、知識を拡張し、経験を蓄積し、真理を追究し、美を拡げることを前提として、さらに視野を拡大し、視点を高く高揚し、意識を拡張することと考えられます。意識を拡張する先ず第1歩は、「気の海」にまで意識を拡げること、大自然と融合することと言って良いかと思います。

人間は、「人間創造の神」、いや「宇宙創造の神」の分身の役割を求められているのかも知れませんね。

[6-5] 生き方のポイント

1. 大事なこと

宇宙のしくみに沿う生き方にとって大事なことを記します。

(1) 執着心、利己心、利他心
誰にもこだわり・執着心があります。執着心にもいろいろあります。モノ、カネ、人、名誉、夢などに対する執着心、その他にもいろいろな執着心があるかと思います。
成長期および壮年期においては、自己実現のために執着心も必要でしょう。しかし執着心が大き過ぎると、周囲だけでなく自分自身にとっても悪影響が出易くなります。とりわけ利己心に基づく執着心は減らしていくべきかと思います。自分ひとりが良くても、家族や周囲に迷惑をかけるのは良くないですね。
むしろ、他者のため、周囲のために考え、行動することが、結果的に回り回って自分に返ってきます。利他心を大事にすると自分のためになることが多いようです。

(2) 好ましい価値観
第5章でご説明した「和・真・善・美・律」は、組織はもちろん、人間個人の目指すべき方向でもあり、普遍的な価値観の一つと思います。
個人にとっては、その他にも様々な価値観があります。例えば、ビジネス、スポーツ、趣味などでNo.1になること、成功する

こと、幸せになること、自分の好きなことに熱中すること、人に優しくすること、仲間を増やすことなどいろいろあるでしょう。
しかし、どのような価値観であっても、他者や周囲に悪影響を与えるものであってはなりません。周囲に良い影響を及ぼす「好ましい価値観」であることが望まれます。

(3) 生きがい

生きがいは大切です。寝食を忘れてとり組む「何か」がある、つまり生きがいのある人生を送ることができれば、豊かな人生ということになるでしょう。それには持っているお金の多少は関係ないでしょう。生きがいを喪失すると、人は元気を失くし、力を失ってしまいます。
一方、「他人が望むように生きてきたけれど、自分が望むように生きてこなかった」という方が少なからずおられます。他に迷惑をかけず、周りに流されず、自分のやるべきこと、やりたいことを黙々と精一杯やる、そして周囲に対しても良い影響を及ぼすことができれば素晴らしいですね。

(4) 自分らしく生きる

素晴らしいと思える人の真似をしても、完全にその人になりきることはできません。自分の本当の生きる道とは、自分らしさをとことん極める生き方ではないかと思います。私たちには生まれたときから、もともと備わっている素質、特性、特徴があります。それを見つけ、伸ばし、生かすのが何よりも大事です。自分らしい道を歩むとき、もっとも自然に成長できます。
成功とは、自分らしく生きることと言っても良いと思います。財産・地位・名誉がなくても、素直に自分らしく生き、自分を正直に表現し、自分の好きなことを存分に楽しみ、人生を満喫できれば、既に立派な成功者と言えるのではないでしょうか。

(5) 意識を拡げる

執着心を減らし、好ましい価値観を持ち、いきがいを持ち、自分らしく生きられれば素晴らしいですね。もう一つ付け加えるとすると、意識を拡げることです。自分のことだけでなく、家族、友人、仲間、社会、大自然、地球、さらに「気の海」の様々な「意識」にまで意識を拡げることです。

意識を拡げると、その分「つながり易く」なります。仲間にまで意識を拡げると、仲間との意思疎通が進み、次第に友情が膨らみます。大自然にまで意識を拡げると、「今のままで良いのだろうか？ 果たして現状は持続可能だろうか？」と問題意識が湧いてきます。

「気の海」にまで意識を拡げると、「気の海」の様々な「意識」とつながり易くなります。例えば、父母や祖父母の霊、先祖の霊、様々な分野の神様などです。フッと何かが閃いたり、アイデアが降りてくることがあります。ピンチの時に、思わぬ助け舟が現れるかも知れません。「気の海」には、無数の意識と膨大なエネルギーが満ち満ちているのですから。

(6) 幸せを拡げる

生きがいを見つけて熱中していると、自然に生き生きとし、そして幸せを感じられるようになっていきます。もちろん他のことでも幸せをたくさん感じることができます。自分が幸せを感じられたら周囲にもお裾分けしたいですね。自分ひとりだけが幸せを感じていてもまだ足りないかも知れません。

幸せは、他の人にも喜んでもらったときに、より強く感じることができます。人とのつながりを通してより深い満足感を得ることができます。人から感謝されたり、慕われたり、愛されたりするとき「幸せだな」と感動し、深い満足感が得られます。人間はひとりだけでは生きられません。本当の幸せは自分だけでなく、自分の周囲にも良い影響を及ぼし、幸せの輪を拡げる

ことで深まっていきます。このことは、人生の目的の大事な一つと思われます。

(7)「調心」
「調心」とは「心を整える」ことです。気功の重要な要素の一つです。そして、その基本は、「心から力を抜いて、心を透明にして、爽やかで、穏やかで、前向き、積極的な精神状態を維持」することです。それにより「エネルギー体」を整えて生命力を押し上げ、生命体をいきいきと「躍動」させることができます。気功を永く続けていると、次第にそのような心の状態に変化していきます。なお「調心」は気功の3要素：「調身、調息、調心」の一つです。

「調心」のための基本条件として、次のようなものがあります。
（a）脱力：身体から力を抜く。
（b）リラックス：心から力を抜く。心を透明に近づける。
（c）柔軟性：心を柔軟に。固定観念を打破。常識を排除。
（d）執着心の排除：物・金・人・名誉などへの執着心を捨てる。
（e）エゴの排除：エゴ・利己心を最小化する。

更に「調心」を進めるための条件として、次があります。
（f）感謝：大自然への感謝。今生かされていることへの感謝。
（g）正心：邪心の排除。仏教には「八正道」という概念があります。
（h）利他心：他者のために役立とうとする心。

「調心」の具体的な方法論は沢山あります。世界各地で数千年以前から営々と行われてきています。それぞれ方法論や特徴や難易度も様々です。独特の呼吸法を伴うもの、独特の姿勢や印（手・指を組む）を伴うもの、独特の発声（真言・呪文）を伴

うもの、その他諸々あります。「調心」は簡単ではありません。

しかし、気功を長く続けていると、次第に「調心」が進み、「心」のより深い領域、すなわち「気の海」につながり易くなってきます。その結果、下記のような変化が起きてきます。

(a) 直感が働き易くなってきます。
(b) ヒラメキや発見、発明につながり易くなります。
(c) 家族や遠く離れた人へエネルギー（気）を流せるようになります。
(d) 自分の想いが実現し易くなります。
(e) 自分にとって悪いことが起き難くなってきます。
(f) 悟りを開き易くなってきます。
(g) 「虚空蔵」や「アカシックレコード」とつながる可能性がでてきます。

2．日常生活

宇宙のしくに沿う生き方として上記の他に、私が日常生活で留意していることの一部をご紹介します。

（1）「見守られている」
世の中を眺めると、詐欺、横領、強盗、殺人など、耳を塞ぎたくなるような事件で溢れかえっています。見つからなければ何をやってもよいと考える人々が増加しています。政治家、高級官僚、経営者など社会の上層部も例外ではありません。「恥」を感じない人が増加しているようです。
大きな理由の一つは、「見えない世界」に想いが及ばない人が増えているからではないかと思います。物理的に目に見える世界だけを考えてしまうと、見つからなければよい、証拠を残さ

なければよい、捕まらなければよい、ということになってしまいます。
でも「見えない世界」まで意識を拡げて考えると事情は一変します。「気の海」の無数の「意識」は全てお見通しです。私たちは生きている間中、ずーっと見えない世界の無数の「意識」から見守られ続けていると考えると、恥ずかしいことは出来なくなります。
私はいつも、見えない世界から「見守られている、応援されている」と考えることにしています。謙虚に生きざるを得なくなります。

（2）「いつもご機嫌」
心が爽やかで、穏やかで、前向き、積極的な気持ちでいると、自然に周囲にも良い影響が及んでいきます。そして周囲からも良い反応が返ってきます。自分も周囲もご機嫌な状態になり易くなります。事情があってそれどころではない場合でも、「自分はご機嫌」であると思い込むだけでも良い状況が維持されていきます。自然に笑顔になり易くなります。笑顔はとても大事です。

（3）「想いは実現する」
こうありたい、こうなりたい、こんなことをやりたい、という自分の想いを継続して想い続けていると、その想いが実現する方向に少しずつ動き出します。想いを継続していると、エネルギーが動きだし、次第に気の流れと気の働きが加速され、想った方向に物事が進展していきます。継続がとても大事です。
これはとても重要な心の法則です。「心」は「気の海」の振動であり流れなので、心は気のエネルギーと同体なのです。「心」はそれ自身実現化するパワーを伴っているのです。そして継続がそれを後押しします。

（4）「悪いことは考えない」

誰にも様々な心配事があります。事故に遭わないか、病気にならないか、ガンにならないか、心配事のタネは尽きません。でも「悪いことは一切考えない」ことが重要です。良くないことを考えて心配していると、なぜか物事がその方向へ進み易くなることがあります。

「病気」、「ガン」、「事故」など、好ましくない意味の言葉は、その言葉自体を使わない方が良いのです。思い浮かべない方が良いのです！　もちろん、備えができた後のお話です。

例えば、「ガンになりたくない」と思っていると、潜在意識の深い部分、心の深い領域では、「ガン」だけがライトアップされ、「なりたくない」は薄れてしまうことがあり得ます。

潜在意識の深い部分は濃霧の中のように視界が悪く、全体がはっきり明瞭に認識されないことがあるようです。そして、「ガンになりたい」と勘違いしてしまう可能性があります。その場合、ガンになる方向へエネルギーの力が働いてしまいます。だから「ガン」という言葉自体を意識しない、思い浮かべない方が良いと思われます。

（5）「嫌いな人を作らない」

悪いことは一切考えず、いつも心をご機嫌にしていても、全ての周囲の方々が自分に対して笑顔を向けてくるとは限りません。中にはちょっとした誤解が元で反発する方もいるでしょう。場合によっては、批判、中傷や攻撃を始める方がいるかも知れません。

自分から見て、プラスの関係にある人、マイナスの関係にある人、いろいろと思います。自分に対して敵対してくる人に対してはなかなか好きになれないし、むしろ嫌いになって、こちらからも反撃する場合があるかもしれません。

でも「嫌いな人を作らない」ことがとても重要です。自分から

見てマイナスの関係にある人であっても、マイナスではなく、ゼロの関係、すなわち全く知らない人、あるいは殆ど話をしたことのない人、と同じと考えるようにします。すなわち、自分の周囲に嫌いな人などいないと考えることにします。他人を嫌いになったり、中傷したり、攻撃したりすると自分に跳ね返ってきます。作用反作用の法則は物理学だけでなく、心の働きにも当てはまります。

1歩進めて、嫌いな人を理解する、受け入れる、好きになることができれば最高ですね。

(6)「感謝」

「感謝の気持ちを深める」ことがとても大事です。この場合の「感謝」は、他人から何かを頂いたときの感謝のような小さな感謝だけではなく、大自然への感謝、いま生かされていることへの感謝、見えない存在に対する深い感謝です。「気の海」に意識を拡げ、「気の海」の様々な「意識」とつながる一番簡単な方法は「感謝」することです。

見えない存在に対する感謝が、逆に見えない「存在」から応援、手助けを受けることにつながるようです。もちろん、小さな感謝「ありがとう」も大変重要です。小さな感謝も集積することにより事態が次第に好転していきます。

感謝していると、更に感謝したくなるような　もっと良いことが起きるようです。

(7) 神仏への祈り

21世紀の今ごろに神仏への祈りですか？　と思われるかも知れません。しかし、祈りはとても重要です。古代から多くの日本人は祈ってきました。

私は毎朝、先ず仏壇に向かって手を合わせて、父母、先祖の霊に対して今日の行動予定を報告し加護を祈ります。次に神棚に

向かって2礼2拍手1礼を行い感謝の気持ちを表します。神も「気の海」の中の意識の一つです。神様にはお願いするのではなく感謝の気持ちを伝える方が良さそうです。また春の彼岸、お盆、秋の彼岸には欠かさずお墓参りに出掛けます。

心の中で祈るだけでも良いのですが、仏壇、神棚、お墓に向かって手を合わせることにより、意識がより明確になるように感じています。

(8) 趣味を増やす

幅広い趣味をもつことは特にセカンドライフにとってとても大事です。趣味のサークルに入ることで多くの人とのつながりが増えます。趣味に没頭できればそれ自身が生きがいの一つになり得ます。各地域の生涯学習センターやシルバー大学などで探すことができます。

私自身60歳過ぎから様々な趣味を拡げてきました。楽器、俳句、川柳、書道、音楽、リズムダンス、社交ダンス、武術、油絵などです。他に、呼吸法、気功、太極拳、自力整体など健康関連は既に40年近く続けているものが多くなりました。その結果、多くの人々とのつながりを持つことができました。時間さえ確保できればさらに趣味を増やしたいと願っています。

思い方、心の持ち方によって、自分を取り巻く世界が変わっていきます。心の世界、見えない世界の働きはとても大きいと考えています。

あとがき

一般論として、問題に対する解答は一つとは限りません。複数の解答がある場合が多いと思います。考える対象範囲の広さによって正解が変わってくるからです。例えば、自分自身だけの最適を考えた場合の解答と、自分だけでなく家族全員も含めた解答は異なる可能性があります。同様に、家族だけでなく社会全体を考えた場合の解答は、恐らく変化します。空間範囲だけでなく、時間範囲も同様と考えられます。すなわち、ここ数日だけの最適解と、これからの数十年、それ以上の時間範囲を考えた場合では、解答が異なる筈ですね。狭い視野に基づく回答は正解とは言えない場合が多いのです。

現代科学そして現代社会は、物質の根源を探求し、物質的豊かさを追求してきました。物質が主対象であり、人間の本質、いのちや心の世界、すなわち非物質の世界は対象外になってきました。現代社会は、物質的な狭い範囲を主対象にして発展してきたことにより、正解とは言えない視野の狭い解答に甘んじてきたように思います。
その結果、第5章で見てきたように、現代社会は深刻な難問を抱えて重く病んでいます。人類が本来進むべき道から外れているように思えます。既に人類の退化が始まっているようにも見えてしまいます。
結局のところ、見える物質世界だけでは全く不十分であり、見えない非物質の世界に範囲を拡大して光を当てない限り、正解、真理に近づけないと考えられます。残念ながら科学には根本的な限界があります。科学の手法によって非物質の世界を解き明かすことはできないのです。見えないし観測が困難だからです。したがって今まで数世紀にわたって科学と非科学は遊離して

まったく交わりませんでした。

そこで、物質の世界と非物質の世界を結びつける仮説が必要になります。それが「２１の仮説群」(本書では「８つの仮説群」)です。「２１の仮説群」は、物質の世界と非物質の世界を結びつける「統合宇宙論」であり、「いのちとは何か？」、「意識とは何か？」、「生命エネルギーとは何か？」、「大宇宙とは何か？」に迫ろうとしています。また本書で述べてきたように「人間の生き方、価値観、人類の使命」にまで話が及ぶことになります。

本書の前に既に２冊の拙書が発行されています。１冊目は『ガンにならない歩き方』、２冊目は『大宇宙のしくみが解ってきた！』です。今回の『人間力をグレードアップする！』を含めて３冊は全て、物質の世界と非物質の世界を結びつける仮説群を前提、大元として著述してきました。
１冊目の『ガンにならない歩き方』は、健康増進、ガン予防の具体的な方法論を中心にしました。言わば健康編です。
２冊目の『大宇宙のしくみが解ってきた！』は、宇宙やいのちに関する様々な不思議や謎を取り上げて、それらを解明するための解決策として「２１の仮説群」をご紹介しました。言わば理論編です。
そして今回の『人間力をグレードアップする！』は、仮説群から導かれる健康法や、価値観の展開、人としての生き方、使命などを中心にして著述した応用編です。
３冊とも共通の仮説を前提としていますので、説明の過程で内容が重複している部分があります。

残念ながら人間は、宇宙の真理の全てを知る立場にはありません。人間のからだは脳を含めて物質でできていますから、３次元の制約に縛られています。したがって高次元に属する非物質

の世界全てを知ることはできないのです。類推の範囲に留まってしまいます。
しかし人間の心・意識は高次元に属しますから、共鳴・共感によって大枠、概要を感ずることがあります。「２１の仮説群」は、物質宇宙に関しては現代科学の成果を基本的にそのまま受け入れ、それらと非物質の本質を結びつけようとするものであり、共鳴・共感を重視してきました。

私は重症の脊柱管狭窄症に対処するため、30歳から様々な西洋医学、東洋医学、民間治療法などを試してきました。40歳からは他者に治してもらう他力本願ではなく、自力で行う様々な健康法を片端から試してきました。呼吸法、気功、イメージトレーニング、合気道、太極拳、指圧、自力整体などです。その過程で、心、意識、気などの働きに気づき、視野を大幅に拡げることによってそのしくみを追及してきました。そして最終的には宇宙のしくみにまで立ち至ることになりました。見えない非物質の世界を探求してきた者の責務として、一人でも多くの方々にご理解頂けるように活動することが私の使命ではないかと考えて３書籍を著わしてきました。
最後までお読みいただきありがとうございました。

[提言]

日本古来の価値観「和・真・善・美・律」を日本中、世界中に広める
そのための「研究・広報・評価機関」を日本に設置する

1．国際的な難題

世界情勢は混迷を深めつつあります。国際政治、国際経済、宗教などが絡み合った深刻な「紛争」が頻発しています。シリア、イラク、イランを中心とする中東の悲劇的な紛争、ＥＵ統合崩壊の危機、中国の膨張主義・覇権主義、ロシアの他国侵犯、北朝鮮の狂気、米国の政治的混乱などなど、様々な難問が同時進行しています。

また経済的には「格差」の拡大が大問題になっています。個人間の格差はもちろん、地域による格差、世代間の格差、国別の格差など様々な格差が拡がっています。

さらに、自然破壊、地球温暖化、気候変動、海面上昇、放射能問題、生物多様性の損壊など極めて多方面にわたって地球環境が悪化しています。今のままでは、人間をはじめとして生物の存続に深刻な影響が出そうです。

これら山積する国際レベルの諸難題に対して有効な解決策が提示されているでしょうか？　私は根本的な解決策はほとんど示されていないのではと思っています。私は日本こそ率先して世界を良い方向へリードしていくべきと考えます。

2．根本的な原因

現代の様々な世界的なシステム、特に資本主義を中心とする経済システムは、西欧的な個人主義、合理主義、競争主義、利己主義に立脚したシステムであり、少数の強者が多数の弱者を圧倒し支配する要素を内在させています。そのことが世界レベルで格差を拡大させ、紛争を頻発させ、自然を破壊させ、不幸な人々を増加させている要因になっていると考えます。

欧米人の発想には、大自然と共生する、他者と協調し共存していくという考えが不足しているように思われます。特にここ100年あまりの間に、欧米人のカネ、モノを重視する価値観が世界中に蔓延して、物質文明は進歩したものの、精神文化は衰え、人類は既に退化の方向へ向かっているとさえ感じられます。

現実に、各国の大統領など国のトップでさえ、その品格の低下が目立ちます。アメリカの大統領選挙では互いに相手を罵りあい、傷付けあい、国内を分断し、大統領の品格が地に墜ちています。ロシア大統領はサイバー攻撃で米国の大統領選挙に干渉し、イギリスのＥＵ離脱の国民投票にも干渉しています。フィリピン大統領は裁判で裁くことなく数千人の国民を警察官に射殺させ、自らも殺人したことを公言しています。韓国の前女性大統領は外国訪問先のあちこちで日本の悪口を言いふらし陰口外交を続けてきました。

いずれも一国のトップとしては大幅に品格を欠いており、そのリーダーとしての資質低下は嘆かわしい限りです。人類の文明進化に逆行していると感じるのは私だけではないと思います。
根本的な原因は、カネ、モノを重視する物質偏重の価値観の蔓延にあると感じています。

3．日本人特有の心の素晴らしさ

既にたくさんの本が刊行されていますが、明治以前の日本は、当時来日した多数の文化人が口を揃えて、日本は理想的な国を築いていると驚愕し羨んでいます。美しい自然風土に恵まれていることもあり、日本人には太古の昔から「日本人特有の心」が育まれ、「精神性を重視する価値観」が尊重されてきたと思われます。例えば、「礼」、「誠」、「義」、「志」、「勇」、「仁」、「和」、「品」、「名誉」、「粋」、「恥」など、極めて多様な「心」が重視されてきました。そして、江戸時代、幕末、明治初期にかけての日本人の精神性は極めて高かったと思われ、そのことが近代日本興隆の原動力になったと考えられます。

残念ながら現代の日本人は恐らくその多くを既に失っているのではと危惧されます。手遅れにならない内に、せめて「精神性を重視する価値観」のエッセンスだけでも復活させて、日本はもちろん、世界中に拡げていくべきと思います。それによって、「価値観の転換」が進展し、世界的な諸難題を解決の方向へ向かわせることができると考えています。

4．「和・真・善・美・律」

様々ある「精神性を重視する価値観」のエッセンスを絞り込み、また世界に広げていくことを考慮して、新しい価値観「和・真・善・美・律」を掲げます。

「和」は聖徳太子の時代から、いや遥かに古く縄文時代から大切にされてきた「日本の心」の底流であり核心部分であると考えられます。日本人が率先して「和」の価値観を拡げていくことにより、世界が競争・紛争の時代から、調和・協調・共栄の時代に転換していくことが期待されます。

また「真・善・美」は、既に古代ギリシャのプラトンの時代から「人間の目指すべき理想」として捉えられていますので、欧米人にとっても違和感は少ない筈です。「律」は日本人にとっ

てはあらためて掲げる必要もありませんが、無法国家が跋扈していますので、敢えて加えています。

日本こそが「和・真・善・美・律」を重視する価値観を世界中に広めていくべきと思います。そしてそのことは難しい世界情勢の中で、日本が主体的に、かつ永続的に生き伸び、発展していくための重要な方策であると考えます。

また「和・真・善・美・律」は、人間が目指すべき方向であると考えることもできます。個人も組織も国家もそれを尊重することにより、世界全体があるべき方向へ、平和の方向へ近づいていき、次第に地球レベルの様々な諸難問を解決へ導くことができると私は確信しています。

5．「研究・広報・評価機関」の設立

「和・真・善・美・律」を尊重する価値観を世界に拡げる方法はいくつかあり得ます。しかし、日本政府が声を張り上げても様々な反発が予想され簡単には進まないように思います。私は、新しい価値観「和・真・善・美・律」を拡げるための「仕掛け」として、新しい価値観に関する「研究・広報・評価機関」を日本国内に設置することを提唱します。

「研究・広報・評価機関」の運営は政府とは切り離して、他との利害関係を持たない厳正に独立した機関であることが望まれます。評価メンバーの選定では世界中の賢人とも連携をとり、公正性を追求し偏向を極力排除します。とは言っても、立ち上げまでは、政界・財界の強力な働きかけが不可欠化と思います。形態は、ムーディーズ、スタンダード＆プアーズ（Ｓ＆Ｐ）、日本格付研究所（ＪＣＲ）などのような、独立した「格付会社」のスタイルが良いかと思います。

「研究・広報・評価機関」は定期的に、あるいは有事に、世界的有力企業や各国政府の諸行動に対する「調和指数」（または「品

格指数」：仮称）を公表します。「調和指数」は、様々な行動を新しい価値観「和・真・善・美・律」の観点から分析・評価した結果であり、数値や記号などで等級表示されます。

6．研究・広報・評価機関の立上げ

私の提案は短期的なものを目指していません。5年、10年、いやそれ以上かかるかも知れません。そしてそれが世界中に浸透するには1世紀以上かかると思います。たとえ時間がかかっても実現することができれば、人類の将来に明るい展望が見えてきます。
具体的に研究・広報・評価機関を立上げ、評価結果を発表するまでには数々の困難が予想されます。でも決して不可能ではないと考えます。世界が直面している様々な難問は、価値観の転換を図らない限り根本的な解決には至らないと思います。
その道筋はおよそ次のようになると考えています。

（1）新しい価値観の改善・確立
先ず、準備段階として、新しい価値観の展開に賛同される方々によって準備委員会を構成します。準備委員会は「和・真・善・美・律」を議論、検討して、世界に普及できる価値観として改善すべき点を改善し、原案を作成します。そして具体的な評価方法や普及方法などを研究・検討します。

（2）新しい価値観の国内普及
準備委員会が作成した原案をもとにして、組織を拡充させ、新しい価値観の普及・浸透を図り、具体的な研究・広報・評価機関の立ち上げ準備に注力します。機関は、株式会社ではなく、公益法人、財団法人など利益追求から距離を置く形態が望ましいと思います。立ち上げ当初は、政界、財界などの力を借りる

としても、将来的には世界中の浄財を集めて独立運営すること
を目指します。

（3）研究・広報・評価機関の立ち上げ
実際に研究・広報・評価機関を立ち上げます。機関は、先ず新
しい価値観「和・真・善・美・律」をさらにあらゆる角度から
精査して、具体的な評価方法、表示方法、評価対象などを研究
し、吟味し、確定します。
機関は、運営組織と評価組織とに大別します。運営組織は、新
しい価値観「和・真・善・美・律」の考え方を絶えず研究し、
日本中、世界中に広めることに注力し、様々な誤解に粘り強く
対応します。そして適切な情報収集システムを構築します。
評価組織は、絶えず世界中の賢者に働きかけて、最適な人物を
評価委員として選任します。そして評価ルールに基づいて評価
を行います。当然ながら、評価ツールとして人工知能ＡＩを活
用することになると思いますが、最終評価はそれらも踏まえて
人間が行います。
機関の仮称は、例えば「世界調和研究所」、「世界品格研究所」
などがその目的をイメージし易いかも知れません。

（4）評価の実施・発表
実際の評価は、収集した情報を分析・研究して評価組織が慎重
かつ厳正に実施します。評価対象は、先ず名だたる世界企業の
行動から始めて、少しずつ対象を拡げていきます。そして各国
政府に対する評価も順次公表していきます。評価は数カ月に一
度、また有事に見直して更新します。
もっとも大事なことは、公平性、独立性、信頼性でしょう。そ
のため機関は、日本政府はもちろん他国政府とも切り離して、
独立性を重視します。
評価は、企業の規模や利益を評価したり、政府の政策自体を評

価したりするものではありません。あくまでも実際の行動を、新しい価値観「和・真・善・美・律」に照らし、その適合度を評価して「調和指数」(仮称)として公表します。

当然様々な反論、反発もあるでしょうが、注意深く、根気よく続けていくことにより、次第に考え方が理解されるようになっていくことと思います。何故なら、新しい価値観「和・真・善・美・律」は、数千年にわたって日本人の心の根底に流れている心のエッセンスだからです。そして「日本人の素晴らしさ」は、知る人ぞ知る、古今東西多くの外国人、文化人が既に認めています。

日本では一度の王朝交代もなく、内部紛争による人口半減などもなく、数千年の永きにわたって比較的平穏に発展、繁栄してきました。そのバックボーンは「日本人特有の心」、「精神性を重視する価値観」であったと考えられます。そのエッセンスが「和・真・善・美・律」ですから、外国人であっても知れば知るほど「なるほど!」と思えるようになると確信しています。それを拡げていくのが運営組織の重要な役割・業務になります。

7．提案の背景

今回の提案は、書籍、マスメディア、インターネット情報などから転用したものではありません。もっと広い視野から、すなわち、人間の本質、宇宙のしくみにまで立ち戻って考察してきた結果です。

現代は、科学そして物質文明が頂点に達したその「ピーク」の時代かも知れません。宇宙をはじめ全ての謎は、いずれ「科学」が解き明かしていき、人類は無限に進歩していくと考えている方々が多いようです。それにもかかわらず、多くの現代人が幸福を感じ、人生を謳歌し、生き生きと暮らしているかと問えば、

必ずしもそうとは言い切れません。物質的な豊かさと心の豊かさとは必ずしも比例しません。

実は、「科学」が解き明かせない不思議、謎が無数にあります。ダークエネルギーや人間をはじめとする生命体の謎もそうです。物質を主対象にして発展してきた「科学」は決して万能ではないのです。現在の「宇宙観」、「宇宙論」は、恒星や銀河などの「天体」が主対象であり、明らかに物質に偏重し過ぎています。生命体の心や意識やいのちなど、見えない大事なものを放置しています。一番大事なものを除外した言わば「片面だけの宇宙論」であり、数々の謎、不思議が解決できなくても当然と考えられます。

前著『大宇宙のしくみが解かってきた！』（書籍・電子書籍）は、今までの宇宙論を大幅に拡張して、「大宇宙のしくみ」を読み解いています。その中心は、物質と非物質を結びつける「２１の仮説群」です。恒星、銀河、ブラックホールなどの「物質」と、いのち、心、意識、気、生命エネルギーなどの「非物質」を結びつける仮説群によって、様々な不思議が解消しています。

今回の提案は、「大宇宙のしくみに関する仮説群」を基にしています。「大宇宙のしくみ」を肯定した上でさらに考察を進めると、カネやモノを増やそうとする欧米流の物質重視の価値観ではなく、調和、共存、共栄を重視する日本古来の精神的価値観に移行すべきという当然の結論になります。そしてそれを具体的に進めるための方策を今回提案しています。ご理解を賜れば幸甚です。

著者プロフィール

関口　素男（せきぐち　もとお）

1941年東京生まれ。1965年東京電機大学電子工学科卒業。同年横河電機株式会社（大手計測制御機器メーカー）に入社。産業用コンピュータのシステム開発に長年従事。

仕事に熱中し過ぎて30歳頃からギックリ腰を頻発。腰椎下部を大破して重症の脊椎管狭窄症に苦しむ。名医を訪ねて関東一円はもとより九州宮崎まで出向いて治療を受ける。40歳になって、遂に他力ではなく自力で治すしかないことに思い至り軌道修正。以後、ひとりで行う健康法をひとつずつ試して格段に効果の高い健康法を見つける。それは、呼吸法、気功、イメージトレーニング、太極拳、自力整体など「気」を活用する健康法。一言でいえば「気功」。そして遂にあれほど苦しんだ脊椎管狭窄症を克服。

2002年これらの体験を土台にした「富士健康クラブ」を主宰して現在に至る。様々な健康法を試行する過程で様々な謎や不思議を探求する。「気とは何か？」、「意識とは何か？」、「いのちとは何か？」、「宇宙のしくみは？」などの探求を続けている。

　　　「富士健康クラブ」
　　　HOME PAGE：　fujikc.exblog.jp
　　　EMAIL：　　　sekiguchi.m @ ozzio.jp
　　　TEL/FAX：　　042-536-1273

宇宙のしくみを活かして
人間力をグレードアップする！
健康・長寿・生きがい・幸福・自己実現・生き方

2017年12月7日　初版第1刷発行

著　　　者	関口素男
発 行 人	福永成秀
発 行 所	株式会社カクワークス社

　　　　　〒150-0043
　　　　　東京都渋谷区道玄坂2-18-11　サンモール道玄坂212
　　　　　電話　03(5428)8468　ファクス03(6416)1295
　　　　　ホームページ　http://kakuworks.com

印刷・製本	日本ハイコム株式会社
装　　　丁	なかじま制作
Ｄ Ｔ Ｐ	スタジオエビスケ

落丁・乱丁はお取替えいたします。但し、古書店で購入されたものについてはお取替えできません。本書の全部または一部を無断で複写複製（コピー）することは著作権法上での例外を除き禁じられています。
定価はカバーに表示してあります。
ⓒ Motoo Sekiguchi 2017　Printed in Japan
ISBN978-4-907424-19-0